DCA資格 2級・3級テキスト

デジタルコンテンツ
アセッサ入門

インターネットコンテンツ審査監視機構 編

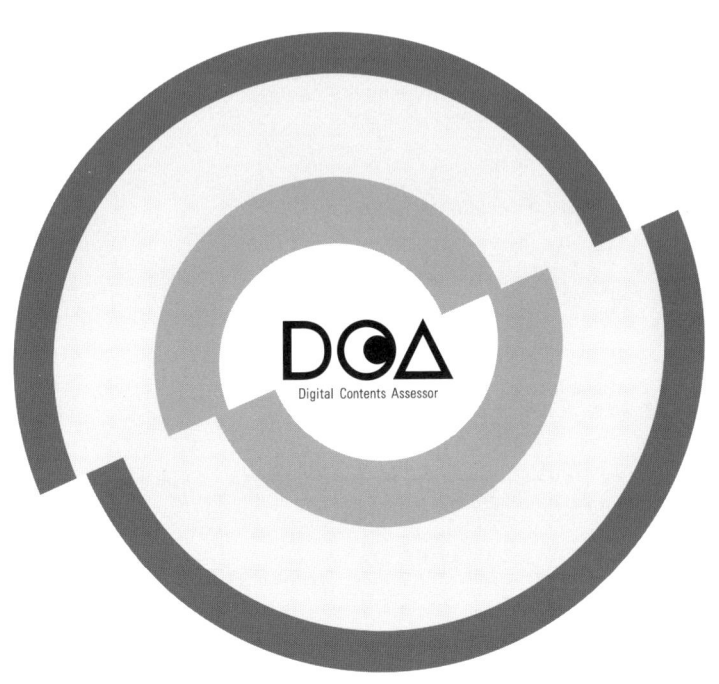

近代科学社

◆ 読者の皆さまへ ◆

平素より，小社の出版物をご愛読くださいまして，まことに有り難うございます。
㈱近代科学社は1959年の創立以来，微力ながら出版の立場から科学・工学の発展に寄与すべく尽力してきております。それも，ひとえに皆さまの温かいご支援があってのものと存じ，ここに表心より御礼申し上げます。
なお，小社では，全出版物に対してHCD（人間中心設計）のコンセプトに基づき，そのユーザビリティを追求しております。本書を通じまして何かお気づきの事柄がございましたら，ぜひ以下の「お問合せ先」までご一報くださいますよう，お願いいたします。

お問合せ先：reader@kindaikagaku.co.jp

なお，本書の制作には，以下が各プロセスに関与いたしました：

・企画：小山 透
・編集：大塚浩昭
・組版：DTP（InDesign）／tplot inc.
・印刷：加藤文明社
・製本：加藤文明社
・資材管理：加藤文明社
・カバー・表紙デザイン：tplot inc. 中沢岳志
・広報宣伝・営業：冨高琢磨，山口幸治，西村知也

● 商標・登録商標について
　本書に登場する製品名またはサービス名などは，一般に各社の登録商標または商標です。
　本文中では，TMまたは®などのマークの記載は省略しております。

● 免責について
　本書に記載された情報は，2016年2月現在のものです。
　I-ROIおよび著者は，本書を利用した運用の結果について，いかなる責任も負いません。

・本書の複製権・翻訳権・譲渡権は株式会社近代科学社が保有します。
・JCOPY ＜(社)出版者著作権管理機構 委託出版物＞
本書の無断複写は著作権法上での例外を除き禁じられています。
複写される場合は，そのつど事前に(社)出版者著作権管理機構
(電話 03-3513-6969, FAX 03-3513-6979,
e-mail: info@jcopy.or.jp)の許諾を得てください。

序文　インターネットのクレディビリティ回復に向けて

　本書は、インターネットコンテンツ審査監視機構(I-ROI: Internet-Rating Observation Institute)が実施しているデジタルコンテンツアセッサ(DCA: Digital Contents Assessor)資格制度3級または2級の資格取得を目指す皆さんのためのテキストである。

DCA3級と2級
　DCA3級の資格は、大学卒業の一般の社会人がインターネットを安全にまた効率的に使いこなすだけの知識と能力を獲得していることを保証するものであり、一般企業の会社員や自治体・国の行政機関の公務員、小中学校の教員、子供を持つ母親などに推奨できる資格である。他方、DCA2級の資格は、ウェブサイトなどを通してインターネットに流通しているさまざまな情報を使用する消費者(受け手)だけでなく、インターネットにコンテンツを掲載し情報を発信・流通させようとする情報の生産者(発信者)をも対象にした資格である。より具体的には、DAC2級は、「青少年インターネット環境整備法」(青少年が安全に安心してインターネットを利用できる環境の整備等に関する法律、平成20年)で規定されている「特定サーバー管理者」、つまり社会一般の人々(不特定多数)を対象としてウェブサイトなどを作り、世間に向かって情報を発信しているサーバーの管理を行うに必要な基礎的能力と知識を持っていることを示す資格である。

インターネットの健全な発展のために必要な能力と知識の3分野
　これまで、インターネットに関しては、主に技術的な側面に注目が払われてきた。どのようにしてより高速で安定的に情報をネットワークの中で伝達するかの技術に関心が集中し、国の資格なども技術的な知識や能力を検定するものがほとんどである。しかし、インターネットが人間社会を覆う基礎的なコミュニケーション手段になった現在、高速で正確な情報の伝達だけでなく、それ以上に、インターネットに掲載され、社会全体に伝達される情報(コンテンツ)の「質」が問題となってきている。人々が病気になった際に掛かる医者を選ぶ時にも、

休日に行楽地にドライブする行程を立てる時にも、インターネット上のウェブサイトに公開されている情報を頼りに選択・決定を行う時代である。インターネット上の情報の質、インターネットのクレディビリティ（信頼性）をどのようにして保証するかが、伝達の技術の精度以上に社会的には重要となって来ている。この点に関しては、インターネットの情報を幼い子供たちがスマートフォンで利用するようになり、老齢化社会の到来によって判断力の衰えた老人たちが、行動が不自由なだけにより多くインターネット情報に依存するようになっている現実を見れば、インターネット上の情報の質の保証の問題が緊急に解決しなければならない問題となっていることを、読者は理解していただけるであろう。

　同時に、インターネット上に掲載され、流通している情報が急速に増加し、ますます多彩になるに伴って、この大量の複雑で整理されていない情報を、どのようにして効率的に活用するか（ネットワークリテラシー）の問題もまた、現在非常に重要な問題となっている。インターネットに関して、単に青少年に有害な情報を規制することだけが問題であった時代は、すでに終わっていると言えよう。

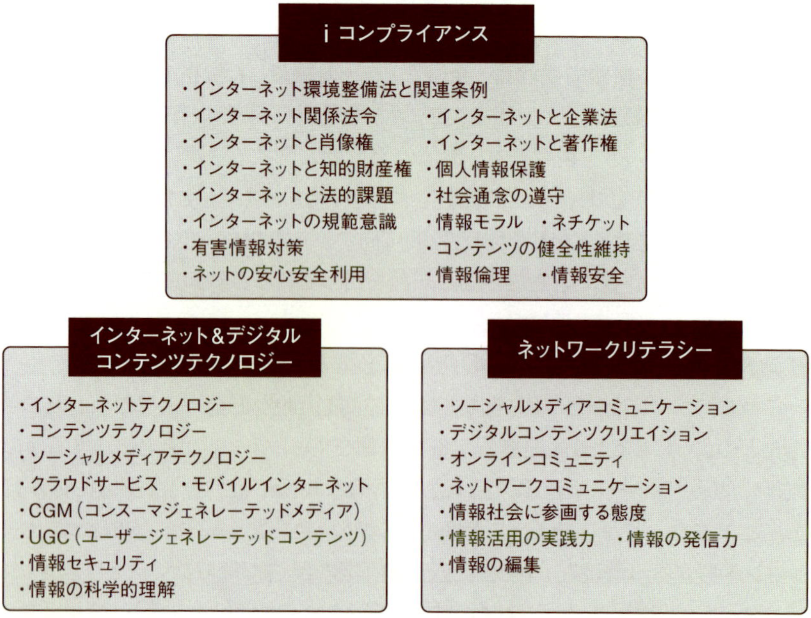

i コンプライアンス
・インターネット環境整備法と関連条例
・インターネット関係法令　・インターネットと企業法
・インターネットと肖像権　・インターネットと著作権
・インターネットと知的財産権　・個人情報保護
・インターネットと法的課題　・社会通念の遵守
・インターネットの規範意識　・情報モラル　・ネチケット
・有害情報対策　・コンテンツの健全性維持
・ネットの安心安全利用　・情報倫理　・情報安全

インターネット&デジタルコンテンツテクノロジー
・インターネットテクノロジー
・コンテンツテクノロジー
・ソーシャルメディアテクノロジー
・クラウドサービス　・モバイルインターネット
・CGM（コンシューマジェネレーテッドメディア）
・UGC（ユーザージェネレーテッドコンテンツ）
・情報セキュリティ
・情報の科学的理解

ネットワークリテラシー
・ソーシャルメディアコミュニケーション
・デジタルコンテンツクリエイション
・オンラインコミュニティ
・ネットワークコミュニケーション
・情報社会に参画する態度
・情報活用の実践力　・情報の発信力
・情報の編集

図1　インターネットの信頼性確立と有効利用のために必要な能力と知識の3分野

I-ROIがDCA資格認定制度で目指すもの

　インターネットコンテンツ審査監視機構（I-ROI）は、これまで、インターネットの信頼性の確保とインターネット上の情報の効率的利用を目指して、「ウェブサイト・コンテンツ」の健全性認定の制度を運用し、企業や団体のサーバー管理者の質の維持のための研修事業を行ってきた。この、情報の発信側（情報の流れの川上）の倫理的判断力と社会性を高めて、情報の送り手（生産者）を質的に一定の基準に合った信頼出来るものとし（標準化）、従来から行われてきたインターネット情報の受け手（消費者）側の教育や訓練とマッチさせ、全体としてインターネットのクレディビリティ（信頼性）を高めようと目指しているのが、DCA（デジタルコンテンツアセッサ）資格認定制度である。

　DCA3級および2級の資格認定制度では、図1に示されている、インターネット情報の発信者（生産者）であっても受信者（消費者）であっても共通して必要な「インターネットの信頼性確立と有効利用のために必要な能力と知識の3分野」の内、テクノロジー偏重のこれまでの傾向を反省して、「ｉコンプライアンス」と「ネットワークリテラシー」の2分野に重点を置いて、制度の設計がなされている。

インターネットをめぐる政府と民間、国家と社会の関係

　政府の主導で設立された機構ではあっても、民間の組織であるI-ROIが、このような資格認定制度を設立するに至った事情を理解いただくために、インターネットの健全な発展のために、政府と民間、国家と社会との役割と関係を少し解説して置いた方がよいと思う。

　インターネットの発達の初期段階において、インターネットが軍事技術として国家指導で開発された経緯もあって、多くの知識人や研究者がインターネットの特色として「国際性・無国籍性」や「無差別性」をあげ、社会における「思想の多様性」や「言論の自由」を確保するために、インターネットに対する国家の関与や規制の排除を強く主張した。これにはそれなりの理由があり、また、その結果としてインターネットが社会の言論の自由を促進し、思想の多様性を育て、評価すべき側面を生み出したことは事実である。日本では、インターネットへの政府の関与を否定する声に押されて、例えば法律として「インターネット基本法」もなく、法律として存在するのは、主に青少年に害のあるアダルト・コンテンツを規制することを目的とする「青少年インターネット環境整備法」だけである。

だが、インターネットは、現在、社会全体を覆う社会的コミュニケーションの基本的インフラストラクチャーとなっている。このように社会のコミュニケーションの基本的インフラストラクチャーになっているインターネットを、政府は基本的に関与せず、民間の管理だけにまかせ、いわば無政府状態に置いてよいものでは決してない。政府は、インターネットの社会的コミュニケーション装置としての重要性を認め、日本社会の内部で自由で正確かつ効率的な情報の伝達が確保されるように、また、インターネット上のコンテンツで多様な思想や信条が表現されるように、「インターネット基本法」の制定も含め、積極的・肯定的に国内の基盤整備に乗り出すべきだといえよう。政府が公権力をもって行ってはならないことは、インターネット上を流れる情報の直接的統制、インターネット上に掲載されるコンテンツに直接的規制を行うことである。

　他方、民間は、政府が整備する社会的コミュニケーション装置としてのインターネット網の基盤上で、自由なコミュニケーション、多彩な思想を展開することになる。規制が必要である場合でも、インターネット上のコンテンツの規制は、民間の側のインフォーマルな組織で行うことを第一義として、政府が公権力をもって直接規制すべきではない。また、民間の側で行うコンテンツの規制にしても、直接コンテンツに手を付けることは出来る限り避けるべきであり、資格認定制度や共通ルールの作成等、基準作りを第一の規制方法とすべきだと言うことになる。

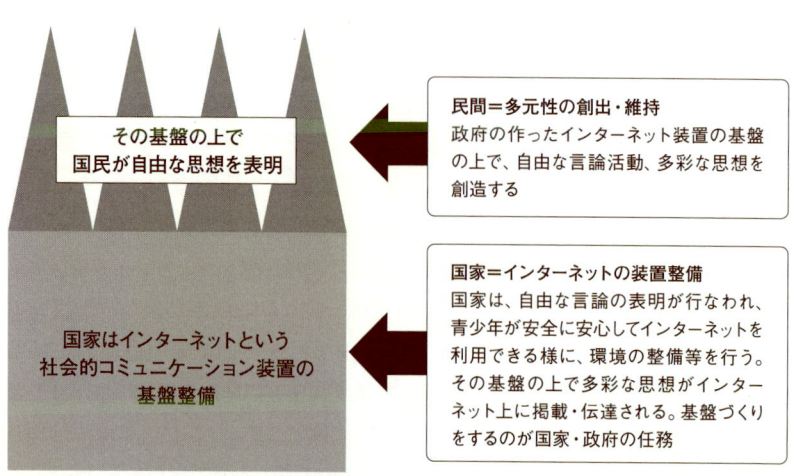

図2 インターネットをめぐる政府と民間、国家と社会の役割と関係

本書の第1部は、ⅰコンプライアンスをめぐる基本的な考え方とその実効性確保のためのさまざまな制度を解説し、第2部はⅰコンプライアンスに関連するわが国の法律とその適用例を特に法律の専門家が中心となって具体的に説明し、第3部ではデジタルコンテンツ・アセスメントの実際の作業とサーバー管理者としてデジタルコンテンツを評価する際の注意を解説している。また、第3部の最後の章では、ソーシャルメディアのリスク対策にも、実例をあげて詳しく触れている。

　DCA3級もしくは2級を目指す読者の皆さんは、主に第2部と第3部を中心に読まれることになると思うが、「ⅰコンプライアンスの基礎的な考え方」を解説している第1部も、ぜひ注意して読んで欲しいと思う。

2016年1月
インターネットコンテンツ審査監視機構代表理事
白鳥　令

目次

序文 インターネットのクレディビリティ回復に向けて（白鳥 令）...iii

第1部 基礎編 iコンプライアンスと社会........1

第1章 インターネット・ガバナンスとしての iコンプライアンス（齋藤 長行）.........................3
 1.1. インターネットとiコンプライアンス..................4
  1.1.1. コンプライアンス............................4
  1.1.2. iコンプライアンス..........................5
 1.2. ネットワーク中立性とガバナンス 8
  1.2.1. インターネット上の「表現の自由」と「言論の自由」..8
  1.2.2. シビルソサイアティによる
     インターネットの秩序の維持....................10
 1.3 政府規制のメリットとデメリット.................12
  1.3.1. 政府規制のメリット.........................12
  1.3.2. 政府規制のデメリット.......................15

第2章 自主規制と共同規制による iコンプライアンス（齋藤 長行）.........................19
 2.1. 自主規制のメリットとデメリット 20
  2.1.1. 自主規制のメリット 20
  2.1.2. 自主規制のデメリット.......................24
 2.2. 共同規制が担う責務........................26
  2.2.1. 共同規制とは.............................26
  2.2.2. 青少年インターネット利用環境整備における
     共同規制..................................28

目次

第3章 インターネット上の青少年保護と青少年インターネット環境整備法（齋藤 長行）..............33

3.1. 青少年のインターネット利用から生ずる諸問題........34
3.1.1. インターネット利用環境における青少年保護の必要性......................34

3.2. 青少年インターネット環境整備法の目的と構造 37
3.2.1. 青少年インターネット環境整備法の目的と定義.....37
3.2.2. 青少年インターネット環境整備法の理念...........40
3.2.1. 青少年インターネット環境整備法にあげられる関係者..41

3.3. 事業者に対する責務および特定サーバー管理者に求められる責務..................................42
3.3.1. 青少年インターネット環境整備法が事業者に求める責務 43
3.3.2. 青少年インターネット環境整備法が特定サーバー管理者に求める責務 45

第4章 第三者機関による社会的自主規制体制（齋藤 長行）........47

4.1. 第三者機関の社会的機能..........................48
4.1.1. 第三者機関とは..................................48

4.2. 第三者機関の理論的側面..........................51
4.2.1. 情報の非対称性の問題..........................51
4.2.2. 隠された情報の解決 53

4.3. ウェブコンテンツを認定する第三者機関.............58
4.3.1. ウェブコンテンツの運用管理体制に対する認定.....58
4.3.2. モバイル・コンテンツのコミュニケーションの運用管理体制に対する認定....................60

目次

第2部 法令編 i コンプライアンスと関連法規..63

第5章 インターネット上の違法・有害情報（上沼 紫野）..........65
- 5.1. 違法・有害情報とは 66
- 5.2. 違法情報..66
  - 5.2.1. 違法情報の種類..................................66
  - 5.2.2. 権利侵害情報....................................66
  - 5.2.3. 公法的違法情報..................................67
- 5.3. 有害情報..68
  - 5.3.1. 有害情報の種類..................................68
  - 5.3.2. 公序良俗に反する情報............................69
  - 5.3.3. 青少年有害情報..................................69

第6章 個人の権利侵害とプロバイダ責任（曽我部 真裕）..........71
- 6.1. プロバイダの責任とは................................72
  - 6.1.1. プロバイダの法的地位............................72
  - 6.1.2. プロバイダ等の法的責任..........................72
  - 6.1.3. プロバイダの法的責任の根拠......................73
- 6.2. プロバイダ責任制限法と民事責任......................75
  - 6.2.1. 概要..75
  - 6.2.2. 特定電気通信および特定電気通信役務提供者.....76
  - 6.2.3. 削除しなかった場合の責任制限 (3条1項).........77
  - 6.2.4. 削除した場合の免責..............................79
- 6.3. 発信者情報開示......................................81
- 6.4. プロバイダの刑事責任................................83

第7章 インターネットでのコンテンツ利用の注意（上沼 紫野）....85
- 7.1. インターネット上のコンテンツ利用....................86
- 7.2. 著作権とは..86
  - 7.2.1. 著作権法..86
  - 7.2.2. 保護の対象となる情報............................87
  - 7.2.3. 著作権の内容....................................89
  - 7.2.4. 情報の媒介者として注意すべき点..................95

7.3. 肖像権に関する注意点............................98
　　7.3.1. 肖像権とは..............................98
　　7.3.2. パブリシティ権..........................99
　　7.3.3. 肖像権・パブリシティ権侵害の効果..........100
7.4. コンテンツに関する権利者からの申立...............100

第8章 インターネット上の個人情報保護 (曽我部 真裕)............101

8.1. 個人情報保護制度の基礎.........................102
　　8.1.1. 個人情報保護制度とは....................102
　　8.1.2. 自己情報コントロール権..................103
8.2. 個人情報保護法の概要...........................104
　　8.2.1. 法整備の経緯と現行制度の体系............104
　　8.2.2. 個人情報保護法の構造と基礎的な概念.......105
　　8.2.3. 個人情報取扱事業者の義務................108
　　8.2.4. 匿名加工情報............................113
　　8.2.5. 実効性の確保............................113
　　8.2.6. インターネットと個人情報保護............115
8.3. 個人情報保護のための自主的取組み
　　（プライバシーマーク制度）......................117

第9章 不正アクセス (市川 穣)............119

9.1. 不正アクセスの現状............................120
9.2. 不正アクセス禁止法の概要......................120
9.3. 改正前不正アクセス禁止法に定める禁止行為........121
　　9.3.1. 不正ログインに対する規制................121
　　9.3.2. セキュリティホール攻撃に対する規制.......122
　　9.3.3. 不正アクセスの解釈......................123
　　9.3.4. 識別符号の不正流通に対する規制..........125
9.4. アクセス管理者に対する義務....................126
9.5. コンプライアンスリスク........................127
　　9.5.1. 不正アクセスが発生したことによる
　　　　　レピュテーションリスク..................127
　　9.5.2. 経済的負担..............................128

目次

第3部 実務編 デジタルコンテンツアセッサに求められる責務 131

第10章 デジタルコンテンツアセッサのリスクマネジメント業務（西澤 利治）...... 133

10.1. リスクマネジメントの基礎 134
10.2. リスクマネジメントの標準規格 135
   10.2.1. リスクマネジメントの全体構造 135
   10.2.2. リスクマネジメントのプロセスとリスク評価 137
10.3. デジタルコンテンツアセッサにおけるリスクマネジメントの実務 139

第11章 デジタルコンテンツの評価と違法・有害情報の規制（鎌田 真樹子）...... 143

11.1. 各国の違法・有害情報の規制とレイティング 144
   11.1.1. アメリカの状況 144
   11.1.2. イギリスの状況 146
   11.1.3. ドイツの状況 146
   11.1.4. EU（欧州連合）の状況 147
   11.1.5. 韓国の状況 148
11.2. 日本における経緯 148
   11.2.1. 2007年・総務大臣要請・青少年の携帯電話におけるフィルタリング 148
   11.2.2. 2008年4～5月・第三者機関の設立 EMA・I-ROI 149
   11.2.3. 2008年6月・青少年インターネット環境整備法の成立 150
   11.2.4. 2008年10月・安心ネットづくり促進協議会（安心協）の設置 150
   11.2.5. インターネット環境の変化と今後の取組み 151

目次

第12章 違法・有害情報等のリスク対策と特定サーバー管理業務 (鎌田 真樹子) 153
- 12.1. コンテンツの種類 154
- 12.2. 違法・有害情報のリスク 155
  - 12.2.1. 違法・有害情報のリスク 155
  - 12.2.2. 表現型コンテンツにおけるリスク 155
  - 12.2.3. 書込み型コンテンツにおけるリスク 156
- 12.3. 特定サーバーの管理業務 157
  - 12.3.1. 青少年インターネット環境整備法の概観 157
  - 12.3.2. 表現型コンテンツの具体的な対策 159
  - 12.3.3. 書込み型コンテンツの具体的対策 163
- 12.4. 第三者機関を利用した自主規制 165
  - 12.4.1. 第三者機関の役割 165
  - 12.4.2. コンテンツ事業者やサイト運営者に求められること 165
  - 12.4.3. 主に表現型コンテンツを評価する第三者機関 (I-ROI) 166
  - 12.4.4. 主に書込み型コンテンツを評価する第三者機関 (EMA) 166

第13章 有害情報コントロールの実務 (空閑 正浩) 169
- 13.1. 有害情報コントロールの仕組み 170
  - 13.1.1. ブロッキング 170
  - 13.1.2. フィルタリング 170
  - 13.1.3. ラベリング 171
  - 13.1.4. レイティング 171
  - 13.1.5. ゾーニング 172
- 13.2. 有害情報コントロールの事例研究 (書籍出版との比較) 173
- 13.3. 第三者機関が定めた基準を用いたセルフレイティング (セルフアセスメント)の仕組み (I-ROIの例) 174
- 13.4. I-ROIが推奨するデジタルコンテンツのセルフレイティングの実務 175
  - 13.4.1. セルフレイティングの方法 175
  - 13.4.2. 年齢区分 176

目次

  13.4.3. レイティングの対象 177
  13.4.4. レイティングの実施者 177
  13.4.5. カテゴリとサブカテゴリ 178
  13.4.6. セルフレイティング作業の例 179

第14章 iコンプライアンスと
運用管理・体制整備の実務 (空閑 正浩) 183
 14.1. iコンプライアンスプログラム (iCP) が求められる背景 .. 184
  14.1.1. 努力義務の問題点 184
  14.1.2. 内部監査手順の不備
   （コンテンツ情報の棚卸しに不備があった事例）......... 185
 14.2. DCAに関わる
   青少年インターネット環境整備法以外の法律 185
  14.2.1. 特定電気通信役務提供者の損害賠償責任の制限
    及び発信者情報の開示に関する法律
    （プロバイダ責任制限法）......................... 186
  14.2.2. 特定電子メールの送信の適正化等に関する法律
    （特定電子メール送信適正化法）................... 188
 14.3. iコンプライアンスの理念とiCP 188
 14.4. 標準的な業務管理手法に則ったiCPの実施 189
  14.4.1. 標準的な業務管理手法 (PDCAサイクル) とは 189
  14.4.2. PDCAサイクルに則ったiCPの運用例 190
 14.5. I-ROIが推奨する
   iコンプライアンスのチェックの実務 191

第15章 ソーシャルメディアのリスク対策 (西澤 利治) 195
 15.1. 高まるソーシャルメディアのリスク 196
  15.1.1. 企業活動におけるソーシャルメディア 196
  15.1.2. レピュテーションリスクのインパクト 199
  15.1.3. ソーシャルリスクのマネジメント 200
 15.2. ソーシャルメディアのインシデントの実態 201
  15.2.1. 炎上 (フレーミング) 201
  15.2.2. 電凸 (でんとつ) 202

目次

  15.2.3. 祭り 202
  15.2.4. なりすまし 203
 15.3. ソーシャルメディアの監視・監査の実務 203
  15.3.1. ソーシャルリスニング 204
  15.3.2. エゴサーチ 204
  15.3.3. アラートサービス 204
 15.4. ソーシャルリスクの管理の実務 205
  15.4.1. ソーシャルメディアポリシーの策定 205
  15.4.2. 演習型訓練 205

参考資料 207

資料1 デジタルコンテンツアセッサ（2級・3級）が持つべき能力(長沼 将一) 208
資料2 DCA資格制度の概要(久保谷 政義) 211
資料3 用語解説 216
資料4 演習問題 225
  演習問題の解答 231

 索　引 233
 著者紹介 238

第1部
基礎編
iコンプライアンスと社会

第1章

インターネット・ガバナンスとしてのiコンプライアンス

本章のあらまし

　本章では、インターネット社会におけるガバナンスのあり方について学習する。そのガバナンスを実践する方策として、シビルソサイアティの理念に基づき民間セクターによるインターネットの秩序の維持を目指すiコンプライアンスの概念について学んでいく。

　民間が自らの力でインターネットの秩序の維持を実践していくことは、政府による規制を最小限にとどめることにつながる。それは結果的に、インターネット上の「表現の自由」と「言論の自由」を確保するとともに、民間の活発な経済活動・文化活動を支援することにつながると言えよう。

本章の学習目標
- iコンプライアンスの理念を説明できる。
- ネットワーク中立性について説明できる。
- インターネット上の「表現の自由」と「言論の自由」の問題を説明できる。
- 政府規制のメリットとデメリットを説明できる。

1.1. インターネットと iコンプライアンス

本節のポイント

　iコンプライアンスとはコンプライアンス（法令遵守、社会的責任）の概念をインターネットの世界に拡張した考えである。インターネットをビジネスや日常生活で利用する私たちにとってiコンプライアンスの概念は、インターネットを活用する上での指針となると言える。なぜなら、現実社会のみならずインターネット空間においても、利用者である企業及び私たち市民がインターネット市民として、公共の場であるインターネットの利用者だからである。

　以下では、コンプライアンスとiコンプライアンスのそれぞれに言及するとともに、iコンプライアンスが果たす責務について解説する。

1.1.1. コンプライアンス

　現実社会における企業のコンプライアンスとは、企業が経済活動を行う上で、法律を遵守し、社会倫理や社会規範を守って企業活動を行うというコーポレートガバナンスに関わる基本的考え方の一つである。コーポレートガバナンスは、企業が長期的な経済活動からその企業の価値を高めるために、経済活動の過程において発生するリスクのある不正行為を防止するとともに、自社の競争力や収益力を高めていくための企業統治活動である。

　このことから、コーポレートガバナンスの実際的な活動としてコンプライアンスの理念に基づくことは、現実社会において経済活動を行う企業にとって必要不可欠な行動規範であると言える。

　なぜなら、企業にコンプライアンス体制が整備されていない場合、社員は法令を知らずに違反行為を犯してしまうかもしれない。また、法令違反はその法律を知っていればその違反行為を犯すことはしないかもしれないが、法令違反ではないが、社会通念上望ましくない行為については法的な拘束力が無い。このことから、その行為に対する抑制はその主体にゆだねられていると言えよう。こ

のようないわゆる"グレー"な問題に対しての行動規範になりえるものが、各企業におけるコンプライアンスの施行なのである。

コンプライアンスは、しばしば企業倫理とも訳されている。この企業倫理の概念は、企業の行動に高い倫理観を求めるものであり、経営者をはじめとした社員一同が、社会に参加する一員として、企業の社会的責任を果たすための基本理念であると言える。

なぜなら、ひとたび不祥事が起きた場合に、その不祥事からもたらされるダメージは多大なものになり、事態の収束のためにコストが発生するからである。それにより、企業の信用は失墜し、ブランドイメージは低下するだけにとどまらずに、社会的制裁を受けることにもつながるのである。

このような問題に自社が巻き込まれないためには、コンプライアンス体制のもと企業も社会の一員として、消費者、取引先、地域住民などの全ての利害関係者に対する責任を果たすことが求められている。

1.1.2. iコンプライアンス

インターネットの世界にもコンプライアンスの概念は重要であるといえよう。今日、ネットショッピング、ネットバンキング、ソーシャルメディアを介したコミュニケーションなどのサービスを日常的に利用している。企業においても、現実社会のみならず、インターネットを介して上記のようなサービスを消費者に提供している。

しかしなぜ、インターネットの世界ではコンプライアンスを発展させたiコンプライアンスの概念が必要になるのだろうか。それは、インターネット社会に対する人々の意識が、現実社会と同等の責任を必要とされる仮想社会であるという認識を持つ必要があるからであり、そのことを我々に知らしめる概念であるからである。インターネットコンテンツ審査監視機構（2008）は、iコンプライアンスが果たす役割として「コンテンツの提供者は、規則遵守に限らず、社会通念、倫理、道徳などの概念を含めたWebコンプライアンスを重視し、情報発信に際してそうした意識を持つこと」の重要性を指摘しており、インターネットで経済活動・表現活動を行う企業・団体・個人に対してインターネット市民として、その社会に参加する者としての責任ある行動が必要であることを指摘している。

このことを理解する上で重要となる事例をみてみよう。2008年当時、某大手

5

新聞社では、同社の英字ウェブサイトにおいてコラムを配信していた。このコラムにおいて担当記者は、週刊誌などに掲載されていた猥雑な記事を裏付けも取らず、あたかも事実であるかのように記事にして配信していた。この記事は海外でも話題になり、その事実を知ったユーザーが、ウェブサイトにおいて批判的な書き込みを行い、同サイトは炎上した。

このウェブサイトにおける炎上に対して、同社は「名誉を棄損するなど明らかな違反行為に対しては、法的措置をとる方針でいる」との声明を発表した。この声明に対し、ウェブサイトユーザーはさらに批判的コメントを書き込み、炎上が拡大するという事態に陥った。この炎上騒ぎでは、某大手新聞社に広告を掲載しているスポンサー企業に対する不買運動にまで事態が拡散し、同社のみならず同社のステークホルダーまでもその負の影響が及んだ。

この事例においてiコンプライアンス上問題とすべき点を2点あげる：

①自社のウェブサイトの管理体制が不適切であった。
②炎上に対する対処策が不適切であった。
以下ではこの二点について掘下げて考えてみる。

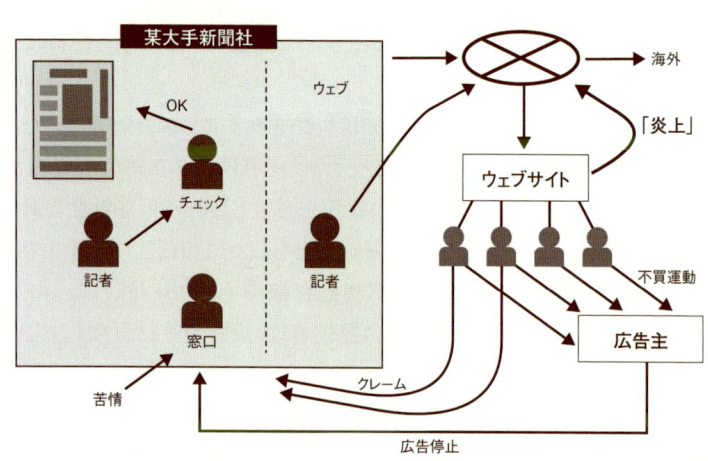

図1-1：某大手新聞社で生じた炎上事例
出典：I-ROI (2010)「iコンプライアンス研修教材」

①同社のウェブサイトの管理体制が不適切であったことについて

　同社は日本における大手新聞社の一つである。そのような新聞社に対して、国民は同社から発信される情報に対する信頼がある。逆に言えば、同社は国民の信頼を失わないように、情報の信頼性・信ぴょう性には細心の注意を払い、そのチェック機能を働かせようとする意識は高いはずである。

　しかし、問題が発生した当時は、その意識は現実社会において流通する新聞に向けられていたと考えられる。同様のチェック機能がウェブサイトの情報発信においても機能していたのならば、一記者が書いた事実無根の記事の配信を防ぐことができたはずである。この問題のポイントは、インターネット社会に対する責任行為を現実社会と同等レベルに引き上げることが必要であるということであろう。

②炎上に対する対処策が不適切であったことについて

　本問題の元々の原因は、事実無根の記事が英字サイトから配信されていたことであり、その非は同社にある。そのような管理体制の不備が同社にあったにも関わらずに、同社を非難するインターネット社会の声に対して、対抗的な声明を発したことが、事態を拡大化させたと考えられる。インターネット社会の声は、現実社会の声と同様の声ととらえ、その一つひとつに真摯に回答する姿勢が必要だったと言える。特に、インターネットにおいては、現実社会ではありえないスピードでネット社会の声が拡散していくという構造を呈している。このような社会構造であることを踏まえた対処をとる必要があったと言えよう。

　この事例を踏まえるならば、インターネット社会においても現実社会と同等の社会的責任があると言える。さらに、そのような行為に対する社会の声に対して、真摯に対処していく姿勢が欠かせないであろう。そのためにも、ⅰコンプライアンスの概念をもとにしたソーシャルメディアの活用が重要となってくる。

1.2. ネットワーク中立性とガバナンス

本節のポイント

インターネットは、ネットワーク中立性の理念のもと、公平な情報交換の場として提供されてきた空間であった。しかし、犯罪者の利用、公序良俗に反する情報など様々な問題も隆起している。現実社会であれば、政府はそのような問題に対し、法的な措置を講じ、国民の安心安全を確保しようとする。しかし、政府によるそのような行為は、同時に国民のインターネット上における「表現の自由」や「言論の自由」への介入という危険性も孕んでいる。このような政策的ジレンマに対し、ネットワーク中立性の理念を維持しつつ、インターネット社会における秩序形成のための方策として、ｉコンプライアンスの施行が有効な手立ての一つとなる。このｉコンプライアンスの理念は、インターネット社会におけるシビルソサイアティの考え方に合致していると言える。

1.2.1. インターネット上の「表現の自由」と「言論の自由」

インターネットは、多数のインターネット・プロトコルを相互接続させることにより、情報ネットワークを形成している。このような性質から、ユーザー、コンテンツ、ウェブサイト、プラットフォーム、アプリケーションなどを区別することなく、そこで流通するデータを平等に取り扱うべきだというネットワーク中立性の理念の下で発展してきたネットワークである。このような性質から、政府やインターネット関連企業などからの恣意的な介入はインターネット元来の理念とは対立する考えである。

しかし、インターネット草創期におけるインターネット利用は、研究者などの限定された範囲であった。だが、今日インターネットは、社会的通信インフラとして世界中の人々に解放され、多様なバックボーンを持つ利用者がインターネットを利用している。この状況は当然ながら、犯罪者による利用や、インターネットリテラシーが決して高いとは言えない人々の利用をも可能にしたと言える。このこ

とから、現実社会のみならずインターネット社会においても秩序の維持に取り組む必要があると言える。

　このような場合、現実社会であれば、政府や地方自治体などが社会の秩序維持のために立法や条例の施行および政策の施行により、市民の安全を確保することを目指す。インターネットも今日社会的なインフラとなっていることから、当然ながら、政府などの行政機関には、秩序維持のための政策的取組みが求められるであろう。しかし、インターネット社会に対する政府の介入には二つの問題が内在している。

　まず一つ目は、本節で議論しているネットワーク中立性の問題である。もともとオープンで公平なデータ流通の場として発展してきたインターネットに対し、政府などの規制機関がデータの良し悪しを峻別して、不適切と判断されたデータに対して、ファイアーウォールなどの措置によりブロッキングをかけるということは、いわゆるネット検閲に当たる行為である。

　政府機関による検閲の問題は、表現の自由や言論の自由に抵触するおそれがある。これらの自由権は民主主義国家の根幹をなす権利であり、日本においても日本国憲法第21条1項に定められている権利である。

　ここで、例をあげて考えてみたい。自殺サイト、出会い系サイトやアンダーグラウンドサイトなど有害と考えられるウェブサイトをブロッキングすることは、インターネット社会の秩序維持に一定の効果があるかもしれない。しかし、これらのサイトは、社会にとって有害な側面があるかも知れないが、違法情報とは言えない。言い換えると、有害情報は違法とは言えないことから、そのサイトで表現されている情報に対し介入することは、表現の自由や言論の自由の侵害に抵触する可能が極めて高くなるのである。

　企業においても同様のことが言える。今日、アプリケーション・プラットフォームとしてフェイスブック（Facebook）やライン（LINE）などが利用されている。また、多くのユーザーが検索プラットフォームとしてグーグル（Google）やヤフー（Yahoo）などを利用している。このようなプラットフォームは、社会的に大きな影響力を有していると言える。当然ながら、私企業である以上、自らの経営理念のもと、情報の掲載基準や編集基準に則して情報が掲載されている。それらは独自の価値観のもと行われる利益追求行為である。もちろん私企業である以上、独自の価値観による経済行為は法に抵触するものではないが、世界的に巨大なプラットフォームであった場合、国家並みの影響力を有することになること

が考えられよう。我々インターネットユーザーは、その巨大企業の基準により提供された情報を、何ら疑問を持たず利用しているのかもしれない。

　二つ目の問題点は、インターネットに流通する有害情報に対する基準を政府機関が定義してしまっていいのかという問題である。この問題は大きく二つに分類される：

① どのような内容が有害情報に当たるのかという問題が生ずる。たとえば、改造銃の情報サイトは有害かそうでないか、グロテスクな画像を集めたサイトは有害かそうでないか、という問題に対して、明確な法基準がないままに、有害情報と思われる情報を有害と断定することは、表現の自由や言論の自由に抵触するおそれがある。

② どこからが有害情報と言えるのか、どの年齢に対して有害情報と定義できるのか、という問題である。

　そこで、映画コンテンツを例にとり考えてみよう。映画に暴力シーンがあった場合、どの位の過激さであれば有害情報なのか、その暴力シーンは未成年者が観ても問題ないと言えるのか、何歳以上なら観ても影響がないと考えられるのか、という問題に対して政府機関が規定する基準で判断された場合は、表現の自由や言論の自由への侵害につながりかねないと言える。

1.2.2. シビルソサイアティによるインターネットの秩序の維持

　前述の議論では、インターネット社会の秩序形成は必要であるが、インターネットの構造的問題や、秩序維持のための政府機関の介入は表現の自由や言論の自由の問題から行うべきではないということについて議論を展開してきた。

　では、どのようにインターネット社会の秩序形成を行えばよいのであろうか。白鳥（2012）は、インターネット社会の秩序形成の方策は大別して、「国家の強制権力を用いて上からインターネット上を流れる情報とウェブ上のデジタルコンテンツを規制」する方法と「民主社会の基本原理の一つである「シビルソサイアティ（Civil Society：市民社会、市民の多様な自発集団の存在）の原理」を用いる方法の二つの方策をあげつつ、民主社会の基本原理である表現の自由」と「法の支配」を確立しようとする上で、シビルソサイアティの原理を用いた民間による組織的な取組みが有効な手段であることを指摘している。

シビルソサイアティとは、政府機関や企業や企業団体から独立して、社会と政府の中間的な存在として、共通の目的を果たすための社会的活動を行う組織のことを指す。主に、民間非営利組織（NGO、NPO）、民間政策研究機関（シンクタンク）、民間財団などがこれにあたる。

シビルソサイアティの原理を用いることのメリットは、先の議論でも問題としてあげた①国家がインターネットの秩序形成を引き換えに浸食してしまうであろう「表現の自由」と「言論の自由」の問題の発生を防げる。②有害情報の定義に対する国家の直接的関与を防ぐことができることがあげられる。さらに、③通信技術の環境変化やアプリケーション・サービス環境の変化に柔軟に対応することが可能となる。

しかし、この原理にはデメリットもある。①表現活動の自主的な規制という側面があることから、その取組みへの実行力に欠けるおそれがある。②政府機関や企業から完全な独立団体として主体性を保つことが困難である。③活動する機関が単独である場合、その分野における権力や支配力が集中してしまうなどの課題もある。このように、シビルソサイアティには、メリットもあるがデメリットもある。重要なことは、メリットを活かしたかたちでの民間によるガバナンスを行うことである。

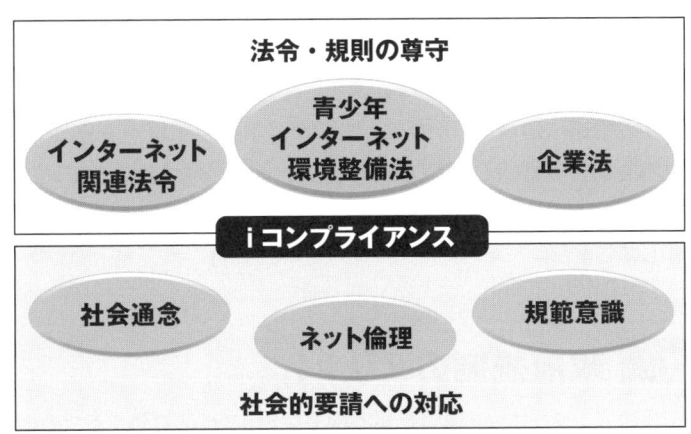

図1-2：iコンプライアンスの理念
出典：I-ROI（2010）「iコンプライアンス研修教材」

iコンプライアンスは、このシビルソサイアティの原理を基にしている。今日社会問題となっているインターネットを流れる有害情報問題に対して、民間の立場からガバナンスを行う取組みである。図1-2に示すように、iコンプライアンスは法令遵守の立場として、インターネット関連法規および企業法などの違法情報に対する自主的な取組みと、有害情報に対する社会的要請としてのネット倫理、規範意識や社会通念に対して、インターネット社会の一員として自主的にガバナンスを行う民間の自主的な活動なのである。

1.3. 政府規制のメリットとデメリット

本節のポイント

これまでの我々の社会では、法治国家として政府規制による統治が行われてきた。政府規制には法執行力や政策執行力があり、それらを執行することにより、実効性の高い秩序形成が保たれていたと言える。しかし、広範な範囲での政府規制の執行は、国民の自由な自己表現活動や、経済活動への制限を強いることにもつながる。また、政府規制は厳格な政策立案プロセスを経て執行されることから、時間的なコストがかかるとともに、その修正、撤廃にかかるコストも増大してしまうというデメリットがある。

さらに、情報通信環境は日々刻々と技術環境や利用環境が変化していくことから、規制を講じる組織としての政府よりも、その技術を開発している民間企業の方が規制に必要な最先端の情報を持っているという「情報の非対称性」の問題が生じてしまう。

1.3.1. 政府規制のメリット

前節では、インターネット利用を巡る様々なトラブルに対処するための一方策として、iコンプライアンスによる民間の自主的な取組みが有効であることを述べた。しかし、これまで現実社会で発生してきた諸問題に対し、その解決のた

めに施行されてきた方策は政府規制の手法が主であった。政府が講じる規制であることから、その執行力や効果は多大であると言える。しかし、なぜインターネットの統治においては政府規制だけでは補えない問題が生ずるのであろうか。このことを考えていくために、本節では政府規制のメリットとデメリットを考えていきたい。

(1) 政府規制の必然性

　政府規制とは、許認可・市場介入などに対する政策的制度を設けることにより、社会の秩序維持と社会全体の利益の調和を図るための公共の福祉を目指すものである。

　許認可に関する制度としては、行政機関において禁止されている行為について、特定の場合に限ってその禁止行為を解除することおよび行政機関が第三者の行為を法律上有効にする行政行為のことである。「許可」の例としては、道路交通法に基づく自動車運転免許、酒税法に基づく酒類免許、興行場法に基づく映画館・劇場の開業などがあげられる。「認可」の例としては、薬事法に基づく医薬品および医薬部外品の製造販売承認、社会福祉法に基づく社会福祉法人の設立および私立学校法に基づく学校法人の設立などがあげられる。

　市場介入とは、政府機関が民間の経済活動に介入することである。ここでは、①外部不経済への対応、②情報の非対称性による不利益への対応について説明する。

　まず、①外部不経済への対応についてみてみよう。外部不経済とは、経済主体者の経済活動が、その経済活動に関係しない第三者に経済的な不利益をもたらすことである。この例としては、公害問題があげられる。工場の事業者が経済活動として製品を生産する過程で、廃液を川に流すと、その川の下流で農業を営む人々にとっての公害被害や、その川の魚を食べた人々が公害病にかかってしまうという問題である。

　次に、②の情報の非対称性による不利益への対応について考えてみよう。情報の非対称性とは、市場で取引を行う買い手と売り手の二者の間にその取引をする商品についての情報が一方に偏っていることであり、往々にしてその情報は売り手側に偏っている。この問題の例として、Akerlof (1970) が取り上げた中古車市場の問題を例にとって考えてみよう。アカロフは当時のアメリカの中古車市場が経済的な効率性を欠いた状態である「市場の失敗」を生じていた原因と

して、中古車の品質に関する情報が売り手側にあり、買い手側はその中古車の状況が優良であるか粗悪であるかの判断がつかず、中古車の購入を控えることにつながり、結果的に中古車市場における市場機能が失われることを指摘している。この例のように、情報の非対称性が原因となり、売り手側が利己的な行動を執ってしまうことにより、効率的な資源配分が行われない恐れがある場合に、政府は市場に介入し、取引の効率化・健全化を図るのである。

表1-1：政府規制の諸形態

政府規制の種類	政府規制の例
許認可	「許可」：道路交通法に基づく自動車運転免許、酒税法に基づく酒類免許、興行場法に基づく映画館・劇場の開業など。
	「認可」：薬事法に基づく医薬品及び医薬部外品の製造販売承認、社会福祉法に基づく社会福祉法人の設立および私立学校法に基づく学校法人の設立など。
市場介入	・外部不経済への対応 ・情報の非対称性による不利益への対応 ・モラルハザードへの対応

表1-1のように、政府は市場の効率性の確保や安全性の確保のために、公共の福祉および消費者保護の立場から、政府規制として、民間の経済活動に対して許認可制度を設けたり、市場介入したりすることにより、その市場の秩序形成を図っているのである。

(2) 政府規制の執行力

　政府規制は、国の最高権力機関が規制を行うことから、権威的なものになり、執行力が絶対的になる。政府規制の権威的な側面をDye (1995) の提唱する制度論モデルを基にみていきたい。Dyeは、公的な組織により法的権力を用いて、関係機関との公式な合意のもとで厳格な手続きを経て行われる政策の意思決定を制度論モデル (Institutionalism) と定義づけている。

　制度論モデルによる意思決定プロセスを経て成立した政府規制は、法執行力や政策の施行力が極めて強い状況を生む。そのことは結果として、法の執行の結果や政策の施行の結果において実効性が高い変化をもたらすと言える。このことは、政府という厳格な政策執行機関によるコマンド&コントロール (Command and Control) 型(命令と規制によって直接的に管理を行う手法)

の統治を可能としていた。

　これまでの現実社会においては、このような制度論モデルを用いた政府規制が行われてきた。しかし、近年の経済のグローバル化の進展、国民の価値観の多様化、国民個人の権利意識の高まりから、政府規制を軸とした規制の在り方が揺らいできている。特に政府規制の限界を呈するきっかけとなった要因が、インターネットの登場と言えよう。

1.3.2. 政府規制のデメリット

　インターネットの登場は、政府機関のみによる規制統治の限界を浮き彫りにする結果を招いたと言えよう。それは、インターネットには、インターネット自体を統治する政府機関がなく、国境もなく、エンドツーエンド原理のもとで自律的に統治が行われることを原則としたネットワークであるからである。

①ネットワーク中立性の問題

　インターネットはネットワーク生成上の要因があることから、政府規制によるインターネットの統治には幾つかの限界がある。前の節でも説明したように、ネットワーク中立性の問題では、インターネットのネットワークの構造上、全体を統治する主体を一つに定め統治を完全に行うことは不可能であるという問題があげられる。現実社会においては、道路の管轄は国および地方自治体であり、彼らが管理・補修・維持を行う。一方インターネットのネットワークは、国および地方自治体がネットワークを設置・管理するのではなく、個々の通信デバイスが網の目状につながり、個々の意思のもとでつながって行くネットワークだからである。

　さらに、憲法上の問題も議論してきた。表現の自由や言論の自由の問題では、有害情報の定義に関する問題と密接に絡み合っていた。どのような写真や動画が有害であるか、暴力シーンはどの位までは有害ではなく、どの位から有害と言えるのか、という問題があった。有害情報は「有害」であり「違法」とは言えない。この有害情報に対して政府が有害・無害を定めることは、表現の自由や言論の自由に対する侵害につながりかねない。

　これらのことから、インターネットの統治に関しては、政府機関の関与は最小限にとどめることが重要である。角度を変えた見解を述べるとすれば、ネッ

ワーク中立性の原理のもと、民間が主体となってインターネット社会のガバナンスに取組み、政府機関はそのような活動が活発に行われるように支援することが重要となる。そのような取組みは、シビルソサイアティの原理にも通ずる。そして、この原理を実践する理念がｉコンプライアンスであると言えよう。

②インターネットの利用環境の変化と情報の非対称性の問題

次に、インターネットの利用環境の環境変化の問題について考えていきたい。インターネットの通信技術や通信デバイスは日々進化しており、目まぐるしいスピードで利用環境は変化している。このような技術進化の激しい分野においては、政府規制による統治を困難にする。統治を困難にする要因として、最先端な技術に関する知識を有しているインターネット関連企業（情報優位者）と最先端の技術に関する知識を持ち得ていない政府の政策立案者（情報劣位者）との間に発生する情報の非対称性の問題があげられる。

生貝（2011）は、「従来の規制政策は、民間の主体よりも政府の方が規制に必要な知識を広範に有していることが多くの場面で前提とされてきた。（中略）しかし、情報技術の急速な進展とそれにともなう社会構造の変化、そして政策課題の複雑化・専門化はその前提を大きく逆転させつつある」と述べている。

もし仮に、情報の非対称性の問題が内在したまま、政府による規制政策が講じられた場合、適切な強度の統治ができなくなるであろう。規制が過少の場合は、企業によるイノベーションが先行し、消費者の保護が十分に機能しなくなると考えられる。逆に過度な規制が施かれた場合は、消費者保護は十分に行われるかもしれないが、企業によるイノベーションのスピードを減退させ、ビジネスの機会を喪失させるであろう。それは結果として我が国産業界の発展の足かせだけにとどまらず、イノベーションから得られたであろう消費者利益の損失へもつながるであろう。

③社会的コストの問題

次に社会的コストの側面について考えていきたい。政府による規制政策を講じる場合、その政策の実施には、制度論モデルによる政策施行過程を経ることとなる。制度論モデルにより厳格で実行力のある政策を施行することができる反面、その政策の施行には法的・制度的プロセスを経ることになる。特に法律を立法し、施行するまでには幾多のプロセスを経なければならず法律の法案を

立案し、法的な承認プロセスを経て立法し、実際にその法律が施行されるまでには非常に長い月日を要することになる。

特に問題としなければならないことは、インターネットの利用環境変化は極めて速いスピードで変化することから、法律の構想段階と実際の運用段階では、環境が変化している危険性がある。法案立案者が最新の問題への対策を立案したとしても、あまりにも環境変化が急速なために、法律自体が現状と合わないものとなり、その効果が期待できない状況に陥るおそれがあるのである。

さらに、法律の修正や撤廃に関するプロセスにおいても制度論モデルを前提としているため、一度施行した法律を修正したり、撤廃したりするにも多くの承認プロセスを経ることとなり、社会的コストの増大につながりかねないのである。

以上述べてきたように、政府の規制政策のみにより、インターネットのガバナンスを行おうとした場合、インターネット中立性の問題、表現の自由の問題、情報の非対称性の問題、政策制度論上の問題など様々な問題をカバーすることが困難になることが分かった。

このことから、政府の政策の限界を補うためにも、民間が自主的な取組みを行う必要があると言える。iコンプライアンスは、このような社会的要請に対し、シビルソサイアティの理念に基づき民間から取り組むインターネットガバナンスの一形態である。

まとめ

本章では、インターネット中立性を前提としたネットワーク社会におけるガバナンスのあり方について学習してきた。そのガバナンスを実践する方策として、シビルソサイアティの理念に基づいたiコンプライアンスの実践により、民間セクターによるインターネットの秩序維持システムの構築が重要であることについて言及してきた。

政府規制には法執行力や政策執行力があり、それらを執行することにより実効性の高い秩序形成が実現する一方で、そのような秩序の確保は国民の自由な自己表現活動や、経済活動への制限をも強いることにもつながる。

このような政策的ジレンマに対し、iコンプライアンスの施行が有効な手立ての一つであることを学んだ。このiコンプライアンスにより、インターネット上の

「表現の自由」と「言論の自由」を確保することは、民間の活発な経済活動・文化活動を支援することにつながると言えよう。

参考文献
インターネットコンテンツ審査監視機構 (2008)「青少年のインターネット環境の整備をめぐるI-ROIの取組」(I-ROI組織案内資料)

白鳥令 (2012)「一般社団法人インターネットコンテンツ審査監視機構について」(I-ROI組織案内資料)

Akerlof, G. A. (1970) The Market for Lemons: Qualitative Uncertainty and the Market Mechanism, Quarterly Journal of Economics, Vol.84, No.3, pp.488-500.

Dye, T. R. (1995) Understanding Public Policy, 7th ed., Prentice-Hall.

生貝直人 (2011)『情報社会と共同規制』勁草書房.

第2章

自主規制と共同規制による iコンプライアンス

本章のあらまし

　本章では、社会で起きている諸問題に対して民間が自ら規制的措置を講じる自主規制について学ぶとともに、そのような規制の効率や効果を高めるための方策としての共同規制について学んでいく。自主規制には、規制される側が自ら規制するという構図であることから、その分野に関する高い専門性や、環境変化に対する迅速な対応ができると考えられる。しかし、そのような規制は自らを律するという行為であることから、その執行力や実質的な規制が行われないのではないかという課題も存在する。

　このような課題の解決策として、民間の行う自主規制を政府が支援するとともに、その実施を牽制するという共同規制の方策が一つの手立てとして挙げられる。本章では、自主規制と共同規制を概観するとともに、共同規制をどのように機能させると民間による自主規制が進展するのかについて議論を展開したい。

本章の学習目標
・自主規制のメリットとデメリットを説明できる。
・共同規制の果たす社会的役割について説明できる。
・青少年インターネット環境整備法における共同規制の枠組みを説明できる。

2.1. 自主規制のメリットとデメリット

本節のポイント

　政府規制を施行するためには、その規制の基となる法律の立法が必要となる。新たに規制のための法律を立法するためには、高い専門性や多大なる費用的・時間的コストが必要となる。そのような政府規制のデメリットを補い、社会問題に対して柔軟かつ迅速に対応するための方策として自主規制があげられる。

　一方で、自主規制は規制される側による自主的な規制であることから、執行力や規制内容の適切性などの問題も内包している。本節では、自主規制とはどのようなものか、そのメリットとデメリットについて学習していくこととする。

2.1.1. 自主規制のメリット

①自主規制とは

　前章ではインターネット・ガバナンスにおける政府規制のデメリットとして、ネットワーク中立性の問題、表現の自由の問題、情報の非対称性の問題、政策制度論上の問題などがあることについて言及した。そのような問題に対する対応の一方向性として自主規制があげられる。自主規制とは、製品やサービスの提供者や業界団体が、品質保証の側面、倫理的な側面や表現の自由の側面から行う自己抑制的な取組み、業界団体のルールやガイドラインの策定など自主的な規制行為を広範囲にとらえた概念である。

　品質保証の側面から自主規制を行っている例としては、東日本大震災に伴う福島原子力発電所の事故があった際に、福島県および宮城県の地元漁業協同組合が、安全な魚介類の提供を保証するために、一定期間漁獲を自主的に取りやめたことがあげられる。

　表現の自由の側面から自主規制を行っている例としては、映画倫理委員会が行う映画の内容審査およびレイティングの取組みがあげられる（図2-1参照）。これは、映画作品に対して、若年者層が暴力シーンや性的シーンなどの彼らの年齢にふさわしくない表現内容を含む映画の視聴を避けるための、映画業界に

図2-1:「映倫の区分」
出典:映画倫理委員会ウェブサイト (http://www.eirin.jp/see/index.html)

よる自主的な取組みである。

　もし、上記のような社会的問題に対して、関係業界団体による自主的な取組みが行われない場合は、倫理的な側面から一般市民の批判を浴びることにつながるであろう。さらに、そのような事態が長く続くようであれば、法規の制定などによる国家の介入により、厳格な政府規制による統治がなされるであろう。このような公権力の行使が行われた場合、業界団体の経済活動は抑圧され停滞する危険性がある。このような公権力の介入による産業界の停滞を防ぐための一方策として、自主規制による自主的なガバナンスが必要となる。

②インターネットにおける自主規制

　インターネットにおける自主規制のメリットとはどのようなものであろうか。前章では、政策立案者が持ちうるインターネット・ガバナンスに必要な知識には限界があり、適切な規制を行うために必要となる知識との差としての情報の非対称性の問題があることについて触れた。

　この情報の非対称性の問題を解決するためには、不足する情報を補う必要がある。その情報の提供者たりえるステークホルダーとは、インターネット技術を開発・提供している関係企業になる。彼らが、最新の技術的な問題、ユーザー

の利用状況および最新技術を利用することで生じてしまう消費者問題について
より多くの情報を持ちうる立場にあり、この情報をインターネット・ガバナンスに
活かすことが有効となるのである。

　このことを考えるために、インターネット利用環境の変化が消費者問題発生
の引き金となった例をあげよう。2000年以降の携帯電話の普及により、携帯電
話のユーザー層は成人のみならず未成年にも拡大することとなった。しかし、青
少年のショートメールやウェブサイトの利用において、社会的に不適切とみられ
る発言や、それに伴うネットいじめの問題、見知らぬ者との出会いから派生する
性的被害の問題などが社会問題化した。

　この問題は、主にテキストベースでのコミュニケーションが問題発生の温床と
なっていたのだが、このようなコミュニケーション上の問題に政府が規制をかけ
るためには、日々進化するウェブコンテンツの技術の進展を逐次認識している
必要がある。また、膨大な量のテキストコミュニケーションの中から、不適切な
コミュニケーションを見つけ出し、その行為に対して介入する為には、技術的な
知識を持ちえている者でなければ、効果的な介入ができないと考えられよう。

　次に表現の自由、言論の自由の問題について考えていきたい。インターネット
上で表現される様々な表現活動、言論活動には、違法とは言えないが、倫理的
な観点から社会的に望ましくないと考えられるコンテンツも多様に含まれてい
る。このような違法ではないが有害と思われるコンテンツに対して、何かしらの
手立てを講じて、そのような情報の排除が求められる場合がある。特に、青少
年の発達段階において有害と考えられる暴力表現や性表現が、青少年に直接
触れてしまうことを防がなければならないと言えよう。

　しかし、そのような倫理的な観点から社会的に望ましくないと考えられるコン
テンツとはどのようなものか、どの位の過激な表現は有害情報と断定でき、ど
の位までは有害情報には当たらないのかについて明確な基準が必要となるであ
ろうし、そのような明確な基準がないと、政府は有害情報に対する介入ができ
ないと言えよう。

　しかし、政府は何をもって有害情報の基準を定義すればよいのだろうか。政
府の立場を考えると、政府には有害情報に一般消費者や青少年が晒されるこ
とを防ごうとするインセンティヴが働くであろう。この様な動機から有害情報の
基準を定義したとしたら、非常に厳しい有害情報の基準が設定されるであろう。
もしこのような制限的な施策が行われたとしたら、我々が憲法で保証されてい

る権利である表現の自由や言論の自由が著しく抑圧されてしまう結果を生むおそれがある。さらに、政府がコンテンツの適性を審査することは、それ自体が国民の自由な表現活動や言論活動に対する検閲に当たってしまうおそれがある。このことは、結果的に文化の発展やインターネット産業における経済活動の足かせとなるであろうし、それは結果的に一般消費者や青少年が享受できたであろう利益を損ねることにもつながりかねない。

　このように、政府介入による規制を適切な強度で施行させることは、様々な問題点を孕んでいる。このような問題の解決の一方策としても自主規制を有効に機能させることが必要となる。規制の主体を民間に委ねることにより、政府が直接に国民の表現活動や言論活動に介入しなければならないような状況を回避することができる。これにより、コンテンツに対する国の検閲が行われることを防ぐことができるのである。さらに、有害情報の定義についても、民間が自主規制として定める審査の基準に従い、一般消費者に対して有害と考えられるコンテンツ、青少年に対して有害と考えられるコンテンツの有害度合いをレベル化することにより、インターネット環境を提供する民間組織自らが、有害情報の整除を行うことが可能となる。

　次に、インターネットのグローバル性について考えてみたい。インターネットのネットワークは、世界中の国々をネットワークにつなぎ合わせ、情報交換を行っている。このようなグローバルなネットワーク空間において、一国の政府による統治は十分に機能するとは言えない。

　なぜなら、インターネットにおける法的管轄が自国の領土内で収まらない場合が多々あるからである。現実社会においては、政府は自国の領土内における統治のために、その国で定められた法規を用いて統治を行っている。しかし、インターネットにおいてはウェブサービスに関わる全ての事業主体が一国内に収まっていないケースが多数存在する。たとえば、ソーシャルネットワークサービス（SNS）が、日本のユーザー向けに提供されていたとしよう。しかし、提供元の会社はアメリカ法人であり、さらにそのサービスのデータを蓄積しているクラウドシステムはラトビアのサーバー会社のものだったとしよう。このような場合において、日本のユーザーがこのSNSサービス上においてリベンジポルノの被害にあってしまったとしよう（このようなケースはよくあることである）。このような場合、各サービスの事業者は日本政府の法管轄が及ぶ範囲を越えている。リベンジポルノによりアップロードされてしまった画像データを削除するためには、

日本政府が各国と国際条約を結ぶなどの法制度の整備が必要になったり、経済協力開発機構（OECD）やアジア太平洋経済協力（APEC）などの国際機関によるガイドラインの策定とそのガイドラインを遵守するために、各国における国内政策の対応や法改正が必要になったりする。このような国際間における政策協調を執行させるためには、非常に長い月日が必要になる。もし、リベンジポルノの被害にあった日本のユーザーが、国際的な政策の整備を待っていたとしたら、その合間に問題の画像データは、他のサーバーへと複製されていき、永遠に回収することができない状況となるであろう。

　このような問題に対して自主規制により対処することができたら、問題の拡散を防ぐことができたかもしれない。このように、政府規制が十分に機能しない政策領域や憲法上の問題で政府規制が立ち入れない政策領域においては、自主規制が柔軟かつ迅速に対応させることが有効である。特に、技術的な変化やそれに伴う利用環境の変化が激しいインターネット・ガバナンスにおいて、自主規制の果たす役割は大きいと言えよう。

2.1.2. 自主規制のデメリット

　しかし、自主規制は自らの経済活動を自主的に規制する行為であり、そのような利益を手放すような方策を自ら進んで取り組むことができるとは言い切れないであろう。このため、自主規制を行うことへのインセンティヴが重要となってくる。自主規制を実施するインセンティヴを考えてみると、現状において社会的に問題となっている事象に対応する法規制がない状況では、政府による法規制を施行する必要が生ずる。しかし、ひとたび法規制が施行された場合には、関係業界はその法律を遵守した経済活動を行わなければならない。仮にその施行される規制が企業にとって厳しいものであれば、彼らの経済活動の大きな足かせとなってしまうであろう。関係業界は、そのような事態を回避するために、立法などの公的な規制によらない自主規制を行うことで、社会問題へ対応しようとするであろう。なぜなら、自主規制であれば、自らの裁量で柔軟に対策を講じることができるからであり、そのことによって政府による法の拘束を避けることができるからである。

　このような、どちらかというと関係業界が自分たちの経済活動を守ろうとするインセンティヴのもとで行われる規制であることから、自主規制の執行力に課

題が生じてしまう。業界団体が行う自主規制であれば、その組織の構成上、仲間内には甘い規制となってしまうおそれを拭いきれない。

　そのような問題に対し、自主規制の枠に関係業界以外のステークホルダーを内包し、実質的な自主規制の施行を図る方策がある。これは、自主規制の意思決定機関に利害が対立するメンバーや大学教授などの有識者をメンバーとして自主規制を行うことである。これにより、ある程度は自主規制の執行力が高まると言えよう。しかし、自主規制の意思決定組織が関係業界により運営されている場合、カウンターパワーが十分に機能するとは言えないであろう。Goggin (2009) が指摘するように、自主規制を機能させるためには、自主規制の意思決定組織における強力なリーダーシップが必要となると考えられる。

　さらに中立性の観点からも自主規制が規制手段として機能するとは言えない。先の議論でも触れたが、自主規制を施行する場合の意思決定組織は概ね関係業界の団体から構成されている。この場合、産業側に偏った意思決定がなされる可能性が高まる。例えば、消費者保護問題に対する業界の自主規制のガイドラインを策定しようとした場合、意思決定に加わる構成員が産業界のメンバーで構成されていたとしたら、保護される側の消費者からの意見が十分に組み込まれるとは言えず、どうしても産業側の視点から消費者保護の対応策が策定されてしまうであろう。仮にそのような消費者保護の取組みが行われた場合は、社会全体として見た場合の中立性が欠如した意思決定がなされてしまうおそれが高くなる。

　また、交渉力の問題も内在する。自主規制の意思決定組織のメンバーを関係業界メンバーおよび消費者の代表などオールステークホルダーで構成したとしても、組織的な交渉力のある者の意見が自主規制の意思決定に反映されてしまうおそれが生ずる。例えば、関係業界メンバーと消費者と比べた場合、圧倒的に関係業界メンバーのほうが交渉力は勝るであろう。また、業界関係者において利害が衝突した際においても、その産業をリードする大手企業のほうが、中小の企業よりも交渉力に勝ることから、自主規制の取組み内容は大手企業寄りのものとなってしまうであろう。

　以上の議論から、自主規制は規制の迅速な対応、政府規制が行われた場合の表現の自由や言論の自由の問題や検閲といった問題に対する対応策として有効な手段であると言えるが、民間による自主的な規制という側面から、その執行力や中立性の問題が生じるおそれも孕んでいる。このようなパラドックスの状

態の解決の一方策として、共同規制という選択肢がある。次節で詳しく述べることとする。

2.2. 共同規制が担う責務

本節のポイント
　前節では、自主規制は規制される側による自主的な規制であることから、執行力や規制内容の適切性などの課題も内包した規制制度であることを学んだ。そこで必要となるのが、自主規制のメリットを活かしながらも、規制の執行力を高めるための方策である。そのような課題に対する有効な方策として、共同規制を施行することがあげられる。本節では、共同規制による民間と政府との関わりの中で施行される規制方策について学んでいくこととする。

2.2.1. 共同規制とは

　自主規制は、社会問題に対して民間の高い専門性を活かして迅速かつ柔軟に対応できるというメリットもある反面、規制を行う主体が規制される主体と同一であることから、中立性の問題や執行力の問題が内包していることについて議論してきた。したがって、自主規制のメリットを生かしながらも、デメリットの発生を防ぐ手立てを政策の施行レベルで講じていく必要があると言えよう。そこでは、自主規制の取組みが継続的に推進されていくようにするための支援が必要であろうし、自らを律するような自主規制が確実に執行されていくための牽制を行う枠組みが社会的に必要になってくる。そのような自主規制を推進させる社会的な枠組みとして、共同規制の概念がある。
　共同規制は言うなれば、政府規制と自主規制のバランスを取り、政府規制と自主規制の各々のメリットとデメリットを活かす規制のあり方である。例えば、政府規制を行う場合、法的な拘束力は極めて高いものとなるであろうが、そのような法律を立法し、施行するまでには時間的なコストや人的なコストがかさん

でしまうであろう。また、法的な規制を行う場合、その規制の強度や範囲が至極妥当であるものでなければならない。しかし、青少年に対する有害情報を例にとればわかるように、有害情報として何をもって有害とするのか、そのような介入は表現の自由への介入ではないのか、交わされる情報が有害かそうでないかの判断を政府が行うことは検閲に当たるのではないかなど、様々な問題が生じてしまう。そのような問題が生ずることを回避するためにも、関係業界が講ずる自主規制による迅速な対策が必要である。さらに、情報提供者側が自ら行う有害情報対策により、政府規制が適合しえない領域においても、規制を講じることが可能となる。しかし、自主規制を講じる主体自体が規制を受ける主体でもあることから、自主規制は形式だけのものになってしまうおそれも生ずる。このような事態の発生を防ぐための方策として、共同規制による自主規制推進への牽制が必要となるのである。

先行研究における共同規制の定義を見てみると、生貝（2011）は、情報通信分野における共同規制を「特定の問題に対応するにあたり、効率的かつ実効的なコントロール・ポイントを特定し、それらが行う自主規制に対し一定の公的な働きかけを行うことにより、公私が共同で解決策を管理する政策手法」であると定義づけている。

表2-1　英国Ofcomによる各規制形態の定義

アプローチ	定義
規制なし	市場は必要な成果を実現することができる。市民や消費者は製品や最大限に活用し、害を回避するための権限が与えられている。
自主規制	政府や規制当局の公的な監視なしに、業界が自ら市民問題や消費者問題に対処するための施策を一括して管理する。それらには、事前の明示的な法的規制は存在しない（しかし、一般的な義務については適用される）。
共同規制	自主規制と法的規制の二つの要素を併せもち、現実の問題の解決に向けて政府機関と産業界が共同して対処するスキーム。責任分担の形式には様々あるが、一般的には政府や規制当局が望ましい目標を達成するために法的な最後の砦としての権限をもつ。
法的規制	目的とルールが法律、政府や規制主体により規定されており、それには企業に対するプロセスや特定の要件も含まれている。これらは、公的機関により執行される。

出典：Office of communications（2008）Identifying appropriate regulatory solutions: principles for analysing self- and co-regulation Statement, UK.を基に作成

一方、英国の電気通信・放送等の報通信行政を所管する規制機関である

Ofcom（Office of communications：英国情報通信庁）が2008年に公表した報告書によると、共同規制は「自主規制と法的規制の二つの要素を併せもち、現実の問題の解決に向けて政府機関と産業界が共同で対処するスキーム」であり、「政府や規制当局が望ましい目標を達成するために法的な最後の砦としての権限をもつ」ものであると定義づけている。そして、共同規制の成立要件として「業界関係者が問題解決する集団的関心を持っており、その解決策は市民消費者の最善の利益に結びついており、クリアで単純明快な目標を確立することができる」場合には共同規制は機能するが、企業が自主規制に加わるインセンティヴを持っていなかったり、決められた規定に従おうとする必然性がなかったりする場合には、共同規制は十分に機能しなくなるとしている。このような共同規制が機能しない政策課題においては、政府による直接規制を講ずることとなる。

2.2.2. 青少年インターネット利用環境整備における共同規制

　ここで、共同規制が行われている政策分野についてみてみると、その最たる例として、青少年のインターネット利用環境整備に関する政策があげられる。我が国ではインターネットを利用する青少年の保護は「青少年が安全に安心してインターネットを利用できる環境の整備等に関する法律（以下、青少年インターネット環境整備法）」を基に共同規制体制の下で青少年保護の取組みが講じられている。

①自主規制を推進するための国および地方公共団体による民間団体に対する支援

　まず、自主規制が推進されるための支援としての共同規制に関する規定を見てみると、第7条では、官民の連携協力体制の整備として、「国及び地方公共団体は、青少年が安全に安心してインターネットを利用できるようにするための施策を講ずるに当たり、関係機関、青少年のインターネットの利用に関係する事業を行う者及び関係する活動を行う民間団体相互間の連携協力体制の整備に努めるものとする」ことが規定されている。

　また第13条では、青少年のインターネットの適切な利用に関する教育を推進

していくための規定として「国及び地方公共団体は、青少年のインターネットを適切に活用する能力の習得のための効果的な手法の開発及び普及を促進するため、研究の支援、情報の収集及び提供その他の必要な施策を講ずる」ことが規定されている。

第30条では、インターネットの適切な利用に関する活動を行う民間団体等の支援として、国及び地方公共団体は、条文に規定されている以下の「民間団体又は事業者に対し必要な支援に努める」ことが明記されている。

一 フィルタリング推進機関
二 青少年有害情報フィルタリングソフトウェアの性能に関する指針の作成を行う民間団体
三 青少年有害情報フィルタリングソフトウェアを開発し又は提供する事業者及び青少年有害情報フィルタリングサービスを提供する事業者
四 青少年がインターネットを適切に活用する能力を習得するための活動を行う民間団体
五 青少年有害情報に係る通報を受理し、特定サーバー管理者に対し措置を講ずるよう要請する活動を行う民間団体
六 青少年有害情報フィルタリングソフトウェアにより閲覧を制限する必要がないものに関する情報を収集し、これを青少年有害情報フィルタリングソフトウェアを開発する事業者その他の関係者に提供する活動を行う民間団体
七 青少年閲覧防止措置、青少年による閲覧の制限を行う情報の更新その他の青少年が安全に安心してインターネットを利用できる環境の整備に関し講ぜられた措置に関する民事上の紛争について、訴訟手続によらずに解決をしようとする当事者のために公正な第三者としてその解決を図るための活動を行う民間団体
八 その他関係する活動を行う民間団体

②自主規制を推進するための産業界に対する牽制

次に、自主規制を執行させるために産業界を牽制するという共同規制の側面が規定されている条文を見てみることにする。本法附則抄第3条では検討課題として、「政府は、この法律の施行後三年以内に、この法律の施行の状況について検討を加え、その結果に基づいて必要な措置を講ずる」ことが規定され

ている。
　これは、本法の条文で定める各規定が社会的に取り組まれ、青少年のインターネットの利用環境が改善されているかについて、ある一定の期間（本法では3年と定めている）の施行状況を評価することを趣旨としている。そして、その評価により青少年のインターネットの利用環境の整備が十分に行われているのか、それとも不十分であるのかを評価し、十分すぎる規制であった場合は従来の規制を見直す必要があり、不十分であった場合は青少年保護のための必要な措置を強化したり新たに付加したりすることを目的としている。特にインターネット環境は、他の産業分野に比べて急速に環境が変化する分野である。このような環境変化に対して、柔軟に自主規制が対応しているのかを評価する必要がある。
　このような観点から、本法では青少年のインターネットの利用環境適正化のための共同規制の方策として、民間セクターが行う自主規制の推進状況を評価し、それに応じた政策的措置をとるためのフレームワークが規定されているのである。

③青少年有害情報への対処

　本法第1条に掲げられているように、本法の目的はインターネットを介して遭遇する青少年有害情報に対して、青少年が自ら適切に対処できるための能力を身に着けさせる教育を提供するために必要となる措置を講ずることと、青少年が青少年有害情報に遭遇してしまうことをできるだけ防ぐための技術的措置を講ずることである。この青少年有害情報は、違法な情報と判断できる情報と、違法とは言えないが青少年にとって有害と考えられる情報が合わさっている。

　違法情報に関しては、現行の法規制をもって取締りを行うことができる。しかし、有害情報を政府が規定し、その規定をもって削除等の行為を行うことはできない。なぜならその情報は、青少年にとって有害性のある情報であるかもしれないが、違法な情報ではないからである。このような場合、政府は法的強制力を行使することはできない。

　このような問題に対する方策として重要視される社会的枠組みが自主規制である。自主規制の取組みとして、関係企業が自らの判断で有害情報への対処方針を決め、その方針に従い情報の削除等の行為を行うことが有効となる。

　さらに、青少年有害情報と呼ばれる情報とは、どれが有害情報でどれは有害情報でないのかについて、社会的なコンセンサスをとることが困難と言えよう。

ここで、暴力シーンが表現されたコンテンツを例にとって考えてみたい。暴力シーンの表現によっては、有害な表現であると考えられる青少年層やそうとは考えにくい青少年層が混在することが考えられる。さらに、そのような有害性の判断は、判断するものによっても差異が生じてしまうであろう。このようなコンテンツに対して、政府が法律で取り締まることは、コンテンツの作者に対する表現の自由の侵害のおそれが生じる。

このような問題に対する措置として、民間企業による自主規制により、青少年にとって有害と判断するか、どのような年齢層の青少年にとって有害であるかについて、自らの基準をもとに自制する枠組みが必要となるのである。

表2-2：青少年に対して有害性のある情報の分類

カテゴリ	詳細
キーワード （フィルタリング項目）	ヌード、露出的な服装、性行為、性風俗情報、性愛表現、性暴力・性犯罪、暴力表現、格闘、恐怖表現、不快表現、他人への悪意表現、薬物・劇毒物、武器、ギャンブル、飲酒・喫煙、その他違法行為、出会い、自殺
コンテンツ形式 （形式に関する項目）	参加型サイト、チャット、ショッピングサイト
コンテキストラベル （例外となる項目）	芸術・文学、教育、医学、スポーツ、青少年に対する配慮

出典：インターネット協会（2009）「レイティング基準SafetyOnline3.1」
（http://www.iajapan.org/filtering/press/20090512-SafetyOnline3_1.pdf）をもとに作成

このように、青少年有害情報に関しては、政府が直接介入することは、情報提供者の表現の自由の侵害にあたるおそれがあることから、民間セクターによる自主規制を推進させるための共同規制の施行が重要となるのである。

まとめ

本章では、自主規制にはメリットとデメリットがあり、そのことから機能的に自主規制が推進されていく仕組みが重要になることを学んできた。そのような社会的メカニズムとして、共同規制を施行することが一つの有効な方策であることを学んだ。特に、共同規制には、自主規制が執行力や実質的な規制を行おうとするインセンティヴが低くなってしまうといった問題に対して、政府による牽制という方策により、その自主規制の効果を高めることを可能とする社会的な制度であることを確認することができた。

参考文献

アジアインターネット日本連盟（2014）「自主規制の枠組みを活用したパーソナルデータ利活用と保護の提言」（http://aicj.jp/pdf/aicj_recommendations_for_personaldata.pdf）(access:2015年7月17日)

生貝直人（2011）『情報社会と共同規制』勁草書房

経済産業省「違法・有害情報フィルタリングについて」（http://www.meti.go.jp/policy/it_policy/policy/filtering.html）(access:2015年7月17日)

谷口洋志（2003）「政府規制，自主規制，共同規制」『経済学論纂』 44巻1-2号，pp.35-56.

Goggin, G. (2009) Regulating Mobile Content: Convergences and Citizenship, *International Journal of Communications Law and Policy*, Issue 12, pp.140-160.

Office of communications (2008) Identifying appropriate regulatory solutions: principles for analysing self- and co-regulation Statement, UK.

第3章

インターネット上の青少年保護と青少年インターネット環境整備法

本章のあらまし

　インターネットは、国家レベルでの経済活動だけにとどまらず、日常の生活においても欠くことのできない社会的基盤となっている。しかしインターネットは、利点だけではなく様々なリスクをも我々にもたらしている。特にそのようなリスクに対して弱い立場である子どもたちを保護することが必要となっている。

　このような社会的問題に対して、我が国では「青少年が安全に安心してインターネットを利用できる環境の整備等に関する法律」をもとにして、インターネットを利用する青少年の保護政策が行われている。

　本章では、青少年を取り巻くインターネットの諸問題について概観するとともに、同法の目的である青少年の適切なインターネット活用能力習得、青少年の有害情報の閲覧機会の最小化への取組みが、民間と政府機関による共同規制体制により取り組まれる構図となっていることについて理解を深める。

　さらに、その民間の主たるステークホルダーとして、携帯電話会社、プロバイダ、PCメーカーなどの通信関連事業者に課された責務、フィルタリング開発・提供事業者に課された責務および特定サーバ管理者に課された責務について学習していく。

本章の学習目標

- インターネット利用環境において特に社会的取組みとして青少年保護が課題となっていることを説明できる。
- 青少年インターネット環境整備法の目的および理念を説明できる。
- 同法における通信事業者に対する責務を説明できる。
- 同法における特定サーバ管理者に対する責務を説明できる。

3.1. 青少年のインターネット利用から生ずる諸問題

本節のポイント

本節では、青少年のインターネット利用から起因する諸問題を概観することを目的とする。まず青少年の身近なインターネットへのアクセス手段である携帯デバイスの普及状況を認識する。次に彼らのインターネット利用から生じている主だったリスクとしてネットいじめの問題、SNS経由の犯罪被害の問題などを概観することにより、これらのような問題に対処するための社会的な取り組みが必要であることについて認識を深めて行く。

3.1.1. インターネット利用環境における青少年保護の必要性

図3-1にあるように、内閣府（2014）の調査によれば、中学生の携帯電話（スマートフォン含む）の所持率は51.6%（男子：45.5%、女子：57.5%）であり、高校生の所有率は98.1%（男子：97.8%、女子：98.3%）であり、高校生ではほぼ100%に近い割合で携帯電話が普及している。また、内閣府（2013）をもとに携帯電話を所有する青少年のインターネット利用率をみてみると、中学生で95.7%（男子：92.8%、女子：97.7%）であり、高校生では99.4%（男子：98.8%、女子：100.0%）に上っている。さらに、他の通信デバイスと比べてみると、PC所有者のPC経由でのインターネット接続が中学生では83.3%に対し、携帯電話所有者の携帯電話経由でのインターネット接続は95.7%となっている。それに対して、高校生においてはPC経由でのインターネット接続が90.2%であるのに対し、携帯電話経由では99.4%と、携帯電話が主たるインターネット接続デバイスとなっている。この様に青少年にとって身近な通信デバイスである携帯電話は、彼らに欠くことのできない日常的なツールであると言える。

しかし、携帯電話の利用は青少年に対し、利益だけではなく不利益をももたらす危険性を孕んでいる。青少年にとって有害なコンテンツや違法なコンテンツ

第3章　インターネット上の青少年保護と青少年インターネット環境整備法

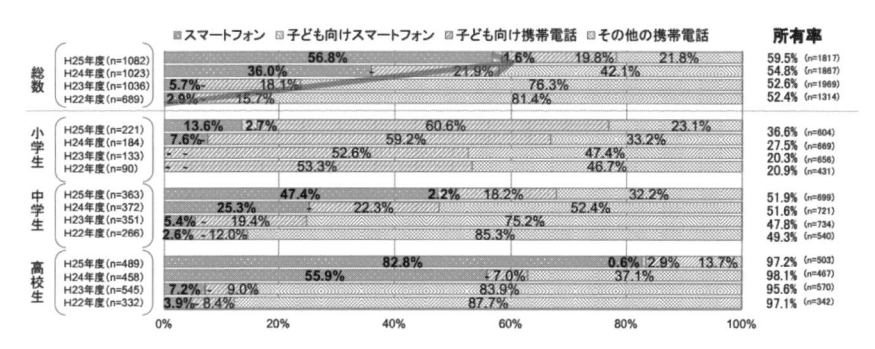

図3-1：青少年の携帯電話・スマートフォンの所有率
出典：内閣府（2014）「平成25年度 青少年のインターネット利用環境実態調査調査結果（速報）」p.2

との遭遇、プライバシーの漏洩、インターネットの公共性を理解しないままに利用することにより生ずるプライバシー情報の開示、それに伴う犯罪者との遭遇、電子商取引トラブルおよび通信料金の浪費、インターネットへの依存など、青少年のインターネット利用において、数々の問題が生じている。

　しかし、家庭のルールの設定による青少年保護は、十分なレベルにまで普及し、問題の発生を未然に防いでいるとは言えないであろう。内閣府の調査では、家庭のルールがあると答えた中学生の保護者は69.6％であるのに対し、中学生の回答では57.5％と12.1ポイントも認識の乖離が生じている。その乖離は高校生においてさらに広がっており、保護者が63.7％と回答しているのに対し、高校生は52.0％と13.5％ポイントの乖離となっている（参照：図3-2）。

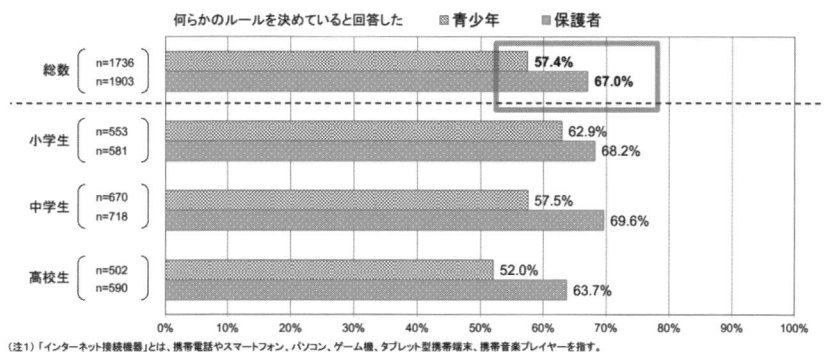

図3-2：家庭のルールの設定状況
出典：内閣府（2014）「平成25年度 青少年のインターネット利用環境実態調査」

35

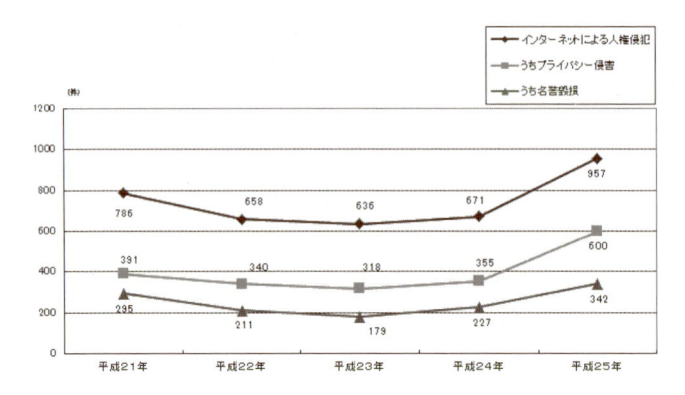

図3-3：インターネットを利用した人権侵害事件の推移
出典：法務省（2014）「インターネットを利用した人権侵犯事件の推移」

　この結果から、①ルールが機能していない家庭が4割ほど存在していることと、②保護者においてはルールを設定しているつもりでも、青少年は実質的にルールを認識していないという家庭が1割ほど存在していることが窺い知れる。

　このような状況を反映するかのように、近年では、「ネット依存」などと呼ばれる問題や、「ネットいじめ」の問題などが深刻化していると言われており、社会問題としての重要度が増していると言える。樋口（2014）らが行った調査によれば、中学生の6.0%、高校生の9.4%の推計約52万人がインターネット依存における「病的使用」に該当していると報告されている。また、文部科学省が行った児童生徒の問題行動に関する調査によれば、2013年度に学校に報告されたネットいじめの件数は、8,787件と2012年度より約1,000件増加し過去最多となっている。

　さらに、法務省（2014）の報告では、インターネットを利用した人権侵害事件は2013年に急増していることが報告されている（図3-3参照）。また警察庁（2015）によれば、コミュニティサイトに起因して児童が犯罪被害に遭った事犯の検挙件数は1,421人と前年同期比128人増加（+9.9%）していることが報告されている（図3-4参照）。この犯罪被害の媒介となっているコミュニティサイトは、一般的に社会に利用が普及し、小中高校生が頻繁に利用できるサイトも含まれることから、ウェブサービスの利用に起因する様々なリスクに対する知識を習得することや、家庭における利用のルールを定めるなど、青少年の自己防衛と保護者の関与・管理が重要な課題となっている。

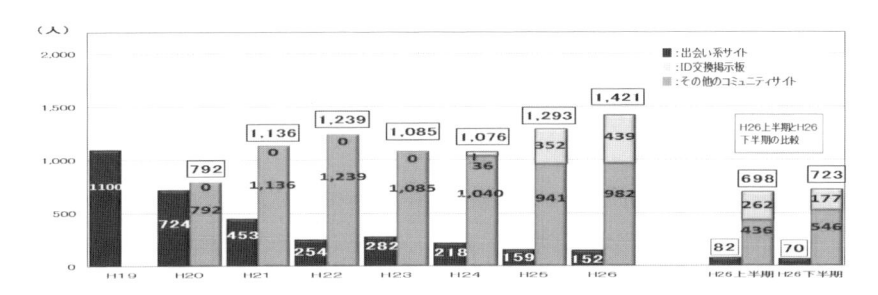

図3-4：ウェブサイト経由で犯罪被害にあった青少年の推移
出典：警察庁（2015）「平成26年中の出会い系サイト及びコミュニティサイトに起因する事犯の現状と対策について」

3.2. 青少年インターネット環境整備法の目的と構造

本節のポイント

　青少年のインターネット利用から生ずる諸リスクに対処するために、我が国では2009年に青少年インターネット環境整備法が施行された。本節では、同法の目的と理念について認識を深めるとともに、同法が民間における取組を国・地方自治体が支援するという共同規制体制をとっていることについて理解を深めていきたい。特に、民間の主たるステークホルダーとして、通信事業者に課された責務やウェブコンテンツを管理運営する特定サーバー管理者に対する責務について、同法の条文をもとに説明していく（図3-5参照）。

3.2.1. 青少年インターネット環境整備法の目的と定義

①青少年インターネット環境整備法の目的

　青少年インターネット環境整備法の目的は大きく二つ掲げられている。一つには、青少年のインターネットの諸リスクに対する回避能力やそのようなリスクに直面した際の対処能力を身に着けさせるための啓発教育の提供であり、二つ

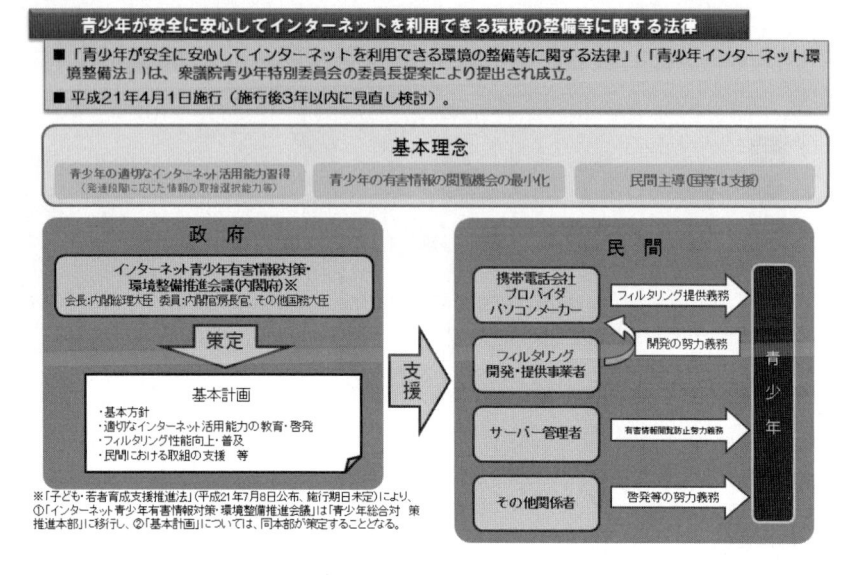

図 3-5：青少年インターネット環境整備法の鳥瞰図
出典：総務省（2011）「青少年のインターネット・リテラシー指標に関する有識者検討会」（第1回資料）

目は青少年がそのようなリスクに遭遇することを回避するための技術的な措置を講じることにより、青少年を保護することである。

啓発教育の提供について第1条では、「青少年のインターネットを適切に活用する能力の習得に必要な措置を講ずる」ことが定められている。ここでいう「必要な措置」とは、国または地方公共団体が、啓発教育を我が国社会に普及させるための措置や、民間団体が行う啓発教育活動を行うための支援も含まれている。また、国・地方公共団体だけにとどまらずに、共同規制の主体として民間団体・企業が自発的に行う啓発教育活動も含まれる。

技術的な措置については、「青少年有害情報フィルタリングソフトウェアの性能の向上及び利用の普及その他の青少年がインターネットを利用して青少年有害情報を閲覧する機会をできるだけ少なくするための措置等を講ずる」ことが定められている。条文からも分かるように、本法において技術的な措置として対象としている技術は、フィルタリングソフトウェアをその軸にしつつも、「その他の青少年がインターネットを利用して青少年有害情報を閲覧する機会をできるだけ少なくするための措置等」によっても青少年がインターネットのリスクとの

遭遇を回避することを目指している。これらのことにより、「青少年が安全に安心してインターネットを利用できるようにして、青少年の権利の擁護に資する」ことを目的としている。

②青少年インターネット環境整備法の対象に対する定義

　第2条では、その保護の対象となる「青少年」とは、18歳未満の者を対象としている。このことから、全ての未成年者が保護の対象ではない。また、「保護者」とは、親権を行う者もしくは後見人またはこれらに準ずる者がその対象であり、血筋のつながる直系の両親のみを対象としているものではない。

　第1条では、青少年に対するインターネット上のリスクとして「青少年有害情報」について触れられていたが、この「青少年有害情報」とはインターネット上の諸情報において特に青少年の健全な成長に対して有害と考えられる情報が該当する。その例としては、「犯罪若しくは刑罰法令に触れる行為を直接的かつ明示的に請け負い、仲介し、若しくは誘引し、又は自殺を直接的かつ明示的に誘引する情報」、「人の性行為又は性器等のわいせつな描写その他の著しく性欲を興奮させ又は刺激する情報」および「殺人、処刑、虐待等の場面の陰惨な描写その他の著しく残虐な内容の情報」があげられている。

　本法における主たる事業者としては、特に青少年が青少年有害情報に遭遇してしまう可能性のある経路として、インターネット・プロバイダと携帯電話によるインターネット接続サービスを提供する携帯電話会社を上げている。インターネット・プロバイダは、「インターネット接続役務」を行う電気通信事業者として定義されている。一方、携帯電話会社は、「携帯電話インターネット接続役務」を行う電気通信事業者と定義している。

　さらに本法では、インターネット接続役務を提供する電気通信事業者だけにとどまらず、インターネット上にコンテンツを提供する事業者および個人をも、その青少年保護を行う対象として定義している。インターネット上にコンテンツを提供する者は、そのコンテンツが適切に運用管理され、青少年がインターネット上の青少年有害情報に遭遇する危険性を排除する義務が課せられている。そのような義務を担っている者が「特定サーバー管理者」として定義されており、特定サーバー管理者とは「インターネットを利用した公衆による情報の閲覧の用に供されるサーバーを用いて、他人の求めに応じ情報をインターネットを利用して公衆による閲覧ができる状態に置き、これに閲覧をさせる役務を提供する者」

であるとしている。

3.2.2. 青少年インターネット環境整備法の理念

　第1条の本法の目的を受けて、第3条では本法の基本理念が定められている。その基本的理念の軸として1項では「青少年自らが、主体的に情報通信機器を使い、インターネットにおいて流通する情報を適切に取捨選択して利用する」とともに、「適切にインターネットによる情報発信を行う能力を習得する」ことが定められている。

　青少年が自ら「主体的に情報通信機器を使い、インターネットにおいて流通する情報を適切に取捨選択して利用する」ためには、青少年を保護するための技術的な措置だけでは彼らを十分に保護することが困難であることもさることながら、自らインターネットの諸リスクに対して適切に対処する能力を身に着けることが重要になる。そのためには、彼らのリスクに対する対処能力を向上させるための教育の提供が重要となる。その具体的な教育政策に関しては第13条に定められている。

　また2項では、「青少年が安全に安心してインターネットを利用できる環境の整備に関する施策の推進」として、「青少年有害情報フィルタリングソフトウェアの性能の向上及び利用の普及」および「青少年が青少年有害情報の閲覧をすることを防止するための措置等」により、青少年が「青少年有害情報の閲覧をする機会をできるだけ少なくする」ことを定めている。これは、2項で定められている教育の推進を補完する措置であると言える。なぜなら、青少年自らがインターネットの諸リスクに適切に対処することができるのであれば2項に定める技術的な保護措置は不要であると言えるが、対処能力が十分に備わっていない青少年に対しては安全なインターネット利用環境を提供するための措置として技術的保護措置が必要となるのである。

　さらに3項では、「青少年が安全に安心してインターネットを利用できる環境の整備に関する施策の推進」は、「自由な表現活動の重要性及び多様な主体が世界に向け多様な表現活動を行うことができるインターネットの特性に配慮し」、「民間における自主的かつ主体的な取組が大きな役割を担い」、「国及び地方公共団体はこれを尊重する」ことが定められている。

　本書第1章でも述べたように、インターネットは国や行政機関が張り巡らした

ネットワーク網ではなく、様々な主体が連結し構成するネットワーク網であるという前提から考えると、国等の行政機関のみによってインターネットのガバナンスを講じることは適切だとは言えない。さらに、憲法で保障されている国民の表現の自由を尊重するためには、国等の行政機関の関与は最小にとどめ、民間の実質的取組みを国等の行政機関が支援するという共同規制体制を構築していくことが重要となるのである。

本社会問題に対する共同規制実践のための社会的取り組みとしては、民間団体であるインターネットコンテンツ審査監視機構（I-ROI: Internet-Rating Observation Institute）、モバイルコンテンツ審査監視機構（EMA: Content Evaluation and Monitoring Association）や安心ネットづくり促進協議会等の設立により、民間と行政機関との共同規制体制が整備されている。

3.2.1. 青少年インターネット環境整備法にあげられる関係者

青少年インターネット環境整備法は、共同規制体制のもとでインターネットを利用する青少年の保護と彼らにとって安全で安心できるインターネット利用環境を提供するための取組みを行うことを目的としている。その関係者にあげられるプレーヤーとして、本法では国および地方公共団体、関係事業者および保護者をあげている。

国および地方公共団体は、「青少年が安全に安心してインターネットを利用することができるようにするための施策を策定し、及び実施する責務を有する（第4条）」として、その具体的な施策を以下の条文に定めている。第7条では、「関係機関、青少年のインターネットの利用に関係する事業を行う者及び関係する活動を行う民間団体」の活動を支援する（第30条）とともに「相互間の連携協力体制の整備に努める」ことが定められている。第13条においては、インターネットの適切な利用に関する啓発教育の推進は、「学校教育、社会教育及び家庭教育におけるインターネットの適切な利用に関する教育の推進に必要な施策を講ずる（1項）」とともに「研究の支援、情報の収集及び提供その他の必要な施策を講ずる（2項）」ことを定めている。第14条では、家庭における青少年有害情報フィルタリングソフトウェアの利用の普及に必要な施策を講ずることが定

められているとともに、第15条ではそのための施策として広報啓発を行うことが定められている。

　また、関係事業者の責務として、「青少年のインターネットの利用に関係する事業を行う者」は、「青少年がインターネットを利用して青少年有害情報の閲覧をする機会をできるだけ少なくするための措置を講ずるとともに、青少年のインターネットを適切に活用する能力の習得に資するための措置を講ずるよう努めるものとする」ことが定められている（第5条）。ここにあげられる「青少年のインターネットの利用に関係する事業を行う者」には、「インターネット接続役務提供事業者」としてのインターネット・プロバイダ、「携帯電話インターネット接続役務提供事業者」としての携帯電話会社、「特定サーバー管理者」としてのコンテンツ・プロバイダおよびコンテンツを管理運営する者、「インターネットと接続する機能を有する機器の製造事業者」としての通信機器製造事業者および「青少年有害情報フィルタリングソフトウェア開発事業者等」があげられる。

　さらに保護者は、「その保護する青少年について、インターネットの利用の状況を適切に把握するとともに、青少年有害情報フィルタリングソフトウェアの利用その他の方法によりインターネットの利用を適切に管理し、及びその青少年のインターネットを適切に活用する能力の習得の促進に努める」ことが定められている。

3.3. 事業者に対する責務および特定サーバー管理者に求められる責務

本節のポイント

　本節では、青少年インターネット環境整備法が定める通信事業者として「インターネット接続役務提供事業者」、「携帯電話インターネット接続役務提供事業者」、「インターネットと接続する機能を有する機器の製造事業者」の責務について説明を行う。また、青少年保護を適切に行うための社会的責務を担う「青

少年有害情報フィルタリングソフトウェア開発事業者等」の責務についても説明する。さらに、通信インフラストラクチャにとどまらず、青少年に対して有害情報に対して適切に対処する責務を担う特定サーバ管理者の果たす役割についても本法の条文をもとに解説する。

3.3.1. 青少年インターネット環境整備法が事業者に求める責務

　本法では、「青少年のインターネットの利用に関係する事業を行う者」として、「インターネット接続役務提供事業者」としてのインターネット・プロバイダ、「携帯電話インターネット接続役務提供事業者」としての携帯電話会社、「特定サーバー管理者」としてのコンテンツ・プロバイダおよびコンテンツを管理運営する者、「インターネットと接続する機能を有する機器の製造事業者」としての通信機器製造事業者および「青少年有害情報フィルタリングソフトウェア開発事業者等」等が挙げられる。

　「携帯電話インターネット接続役務提供事業者」として携帯電話会社は、携帯電話の利用者が青少年である場合は、「青少年有害情報フィルタリングサービスの利用を条件として、携帯電話インターネット接続役務を提供」しなければならない（第17条）。したがって、青少年が利用する携帯電話には原則的にはフィルタリングサービスを利用しなければならないということになる。しかし、その原則の例外として「青少年の保護者が、青少年有害情報フィルタリングサービスを利用しない旨の申出をした場合」はフィルタリングの利用なしに携帯電話の販売契約を行うことが可能となる。さらに、保護者においては「携帯電話端末又はPHS端末をその保護する青少年に使用させるために携帯電話インターネット接続役務の提供を受ける契約を」行おうとする場合には、「携帯電話インターネット接続役務提供事業者に対しその旨」を申し出なければならない（2項）。ここでいうその旨とは、携帯電話を契約するのは保護者であるとしても、実際の利用者は青少年であるという事実を申告することである。

　「インターネット接続役務提供事業者」としてのインターネット・プロバイダは、「インターネット接続役務の提供を受ける者から求められたときは、青少年有害情報フィルタリングソフトウェア又は青少年有害情報フィルタリングサービスを提供」しなければならない（第18条）。このように、インターネット・プロバイダ

43

の場合は、携帯電話事業者と違いインターネット接続役務の提供を受ける者から求められたときに限りフィルタリングを提供する義務がある。これは、本法が整備されていた当時、青少年有害情報の問題はPC経由よりも携帯電話経由の方が深刻であったことと、PCの場合は青少年のみならず、多数の者が同一のPCを利用するとともに、家族が見守る環境の中で青少年がPCを利用する状況が想定されることを考慮しての条文の規定となっている。

「インターネットと接続する機能を有する機器の製造事業者」としての通信機器製造事業者においては、「青少年有害情報フィルタリングソフトウェアを組み込むことその他の方法により青少年有害情報フィルタリングソフトウェア又は青少年有害情報フィルタリングサービスの利用を容易にする措置を講じた上で、当該機器を販売」しなければならない。この「機器の製造事業者」として内閣府他（2009）では、PCやゲーム機、セットトップボックス、ネット対応テレビ、電子手帳等の無線LAN等を用いてインターネットと接続する機能を有するモバイル端末（携帯電話端末およびPHS端末を除く）を挙げている。

また、「青少年有害情報フィルタリングソフトウェア開発事業者等」は、「青少年有害情報であって閲覧が制限されないものをできるだけ少なくする」ことに努めなければならない（第20条）。しかし、フィルタリングを利用するということはインターネットコンテンツへのアクセスが制限されることにもつながる。そこで本法では以下の二つの事象に留意してフィルタリングを開発することを定めている。それは、「閲覧の制限を行う情報を、青少年の発達段階及び利用者の選択に応じ、きめ細かく設定できる」ようにすることとしている。なぜなら青少年にとって有害と考えられる情報は、全ての青少年にとって有害と言えるものではなく、彼らの発達段階に応じて有害とされる範囲が変わるからである。例えば、小学生にとって有害と考えられる情報に対するフィルタリングの強度設定のまま高校生のフィルタリングに適用したとしたら、高校生がその情報にアクセスするという彼らの権利を奪うことにもつながる。このように、各青少年の情報へのアクセスの権利を確保するために、彼らの発達段階に応じてフィルタリングの強度設定を適切に行う必要があるのである。

さらに、「閲覧の制限を行う必要がない情報について閲覧の制限が行われることをできるだけ少なく」することが求められている。これも同様の議論であるが、画一的なフィルタリングの設定を行った場合、有害とは言えないようなサイトまでもフィルタリングにより制限されてしまう。

3.3.2. 青少年インターネット環境整備法が特定サーバー管理者に求める責務

　本法が定める「特定サーバー管理者」としてのコンテンツ・プロバイダおよび自社コンテンツを管理運営する者に対する責務として、その管理する特定サーバーを利用して他人により青少年有害情報の発信が行われたことを知ったとき又は自ら青少年有害情報の発信を行おうとするときは、当該青少年有害情報について、インターネットを利用して青少年による閲覧ができないようにするための措置 (以下「青少年閲覧防止措置」という。) をとるよう努めなければ」ならない。このように特定サーバー管理者には、「自ら青少年有害情報の発信」を行う場合と、「他人により青少年有害情報の発信」した場合の対策として「青少年閲覧防止措置」を取らなければならないという責務を担っている (第21条)。

　例を交えて考えてみると、「自ら青少年有害情報の発信」する場合として、自社のコンテンツが成人向けであったり、過激な暴力表現があり青少年にとって有害と考えられるコンテンツであった場合には、青少年閲覧防止措置として青少年がそのコンテンツにアクセスすることを制限する措置をとる必要がある。この例としてI-ROIが行っている健全性認定制度があげられる。I-ROIでは、青少年の発達段階に応じたインターネットコンテンツのレイティングを行っているサイトに対する認定を実施している。このようなレイティングマークの表示により、青少年が青少年有害情報に遭遇することを制限しているのである (図3-6参照)。

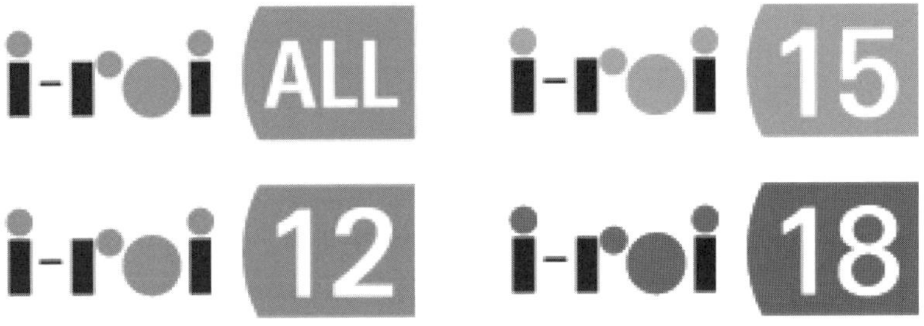

図3-6：I-ROIによる青少年閲覧防止措置の例
出典：一般社団法人インターネットコンテンツ審査監視機構ウェブサイト
(http://www.i-roi.jp/about/safetymark.html)

「他人により青少年有害情報の発信」に対する青少年閲覧防止措置は、例えばCGMサイトやSNSサイトにおけるユーザーの投稿内容が、青少年にとって有害と考えられる情報だった場合に青少年閲覧防止措置を取ることが必要とされるケースである。現実の例で考えると、EMAでは、SNSサイトにおける管理体制を認定している。EMAの認定を受けている公開サイトは利用者から青少年有害情報が投稿された際には、青少年有害情報閲覧防止措置を取るという管理体制が構築されているということが認定されている。

まとめ

本章では、青少年のインターネット利用から発生する諸問題に対する方策として、我が国では青少年インターネット環境整備法によりインターネットを利用する青少年の保護が講じられていることについて概観した。

特に本法は、そのような青少年保護は民間企業の主体的な取組みを国・自治体が支援するという共同規制体制がとられていることについて認識した。さらにその民間の主たるステークホルダーとして、携帯電話会社、プロバイダ、PCメーカーなどの通信関連事業者に課された責務、フィルタリング開発・提供事業者に課された責務および青少年有害情報に適切に対処しなければならない特定サーバー管理者の責務について認識を深めることができた。

参考文献

警察庁 (2015)「平成26年中の出会い系サイト及びコミュニティサイトに起因する事犯の現状と対策について」

内閣府 (2014)「平成25年度 青少年のインターネット利用環境実態調査」

内閣府・総務省・経済産業省 (2009)「青少年が安全に安心してインターネットを利用できる環境の整備等に関する法律関係法令条文解説」

樋口進 (2014)「ネット依存症」PHP研究所

文部科学省 (2014)「平成25年度「児童生徒の問題行動等生徒指導上の諸問題に関する調査」について」p.3. (http://www.mext.go.jp/b_menu/houdou/26/10/__icsFiles/afieldfile/2014/10/16/1351936_01_1.pdf)

第4章

第三者機関による社会的自主規制体制

本章のあらまし

　第三者機関による社会問題への対処は、自主規制の一方策として有効な手立てとなっている。第三者機関は、経済財活動、教育活動、国際活動など様々な分野において設置されており、それらの分野においてその社会的責務を果たしている。

　本章では、各分野における第三者機関と社会との関わりを概観するとともに、第三者機関が社会に存在する意義を理論的な側面から考察していく。さらに、今日において第三者機関は、実物社会の分野だけにとどまらず、仮想社会であるインターネット空間においてもその社会的責務を果たしていることについて学んでいく。

本章の学習目標
- 第三者機関の社会的機能について説明できる。
- 情報の非対称性の要因から第三者機関の存在意義について説明できる。
- ウェブコンテンツにおける第三者機関の社会的役割と諸活動を説明できる。

4.1. 第三者機関の社会的機能

本節のポイント

　我々の社会において第三者機関はどのような役割を果たしているのだろうか。言い換えるならば、第三者機関が存在しなかったとしたら、社会としてどのように秩序形成していけばよいのだろうか。それは、政府による法規制を経済活動の細部にまで行き届かせた場合、経済社会にどのような影響を及ぼすことになるのかという疑問にもつながる。

　本節では、第三者機関を理論的に考察するとともに、我々の社会になぜ第三者機関が存在するのか、第三者機関が我々の経済活動や消費者保護にどのように貢献しているのかについて概観していく。

4.1.1. 第三者機関とは

　第三者機関が我々の社会においてどのような役割を果たしているのかについて考える前に、まず第三者機関による第三者認証についてみていきたい。第三者認証とは、社会のあらゆる活動において、その活動を行う主体と利害が関係しない「第三者」により、公正・中立な立場から、当該活動主体の活動内容や品質を評価し、一定の合格基準を満たしている場合に認証を付与する社会的な仕組みである。このような認証を付与する社会的な組織を第三者機関と呼んでいる。

　ここで言う「社会のあらゆる活動」とは、我々の社会で行われている経済活動、教育活動、医療活動、国際的な活動など多岐にわたっており、多様な分野において第三者認証が行われている。

　例えば、経済活動を例にとると、経済活動を行う事業者が、業務で取り扱う個人情報を適切に取り扱っているか、そのような仕組みを組織内部に構成しているかについて、一般財団法人日本情報経済社会推進協会は、同協会が定める評価基準を設定して認定を行っている。そして、同協会の基準を満たしたとして認定された企業には、認定されていることを表す「Pマーク」が付与される（図4-1参照）。

図4-1　Pマーク
出典：一般財団法人日本情報経済社会推進協会ウェブサイト
（http://privacymark.jp/）（access:2015年7月31日）

　教育活動についてみてみると、大学の教育の品質を認証する第三者機関として、公益財団法人大学基準協会や公益財団法人日本高等教育評価機構は、学校教育法に従い認証評価活動を行っている。この認証評価の下、我が国の国公私の全ての大学、短期大学、高等専門学校は、定期的に文部科学大臣の認証を受けた評価機関（認証評価機関）による評価（認証評価）を受けることが義務付けられている。上記の二つの協会では、基準を満たした大学に対して、その基準を満たしたことを証明するマークの掲示を許している（図4-2および図4-3参照）。

　次に国際的な取組をみてみると、国際標準化機構（International Organization for Standardization: ISO）では、工業分野における国際的な評

図4-2　大学基準協会のマーク
出典：公益財団法人大学基準協会ウェブサイト
（http://www.juaa.or.jp/）（access:2015年7月31日）

図4-3　日本高等教育機構のマーク
出典：公益財団法人日本高等教育評価機構ウェブサイト
（http://www.jihee.or.jp/）（access:2015年7月31日）

価基準を設置している。また、国際電気標準会議（International Electro-technical Commission: IEC）では、電気工学、電子工学分野における技術面での国際的な評価基準を設定している。これらの国際的な第三者機関があることにより、世界各国の産業規制や規格を評価するとともに、各国の産業を標準的なレベルにまで引き上げることができるという利点がある。それにより、国際貿易を行う際の技術的障壁を取り除き、国際間での貿易を効率化させる役割がある。

②第三者委員会（独立委員会）

また、第三者機関は、別法人の外部機関だけでなく、組織の内部に独立した組織を設置する方策もとられている。そのような組織は、第三者委員会や独立委員会などと呼ばれている（以下：第三者委員会）。前述した第三者機関は、第三者認証業務を行うための組織（多くの場合、法人格を有する）が設置されているものであるが、第三者委員会は、どちらかというと恒常的な組織ではなく、不祥事などの特定の問題に対して、当該問題の利害に関係のない第三者が公正・中立な立場で、報告書などの形で今後の方策の方向性や対処方策を示す組織である。

第三者委員会の例としては、東京電力の福島原発事故の検証のために、東京電力福島原子力発電所事故調査委員会法を基に、東京電力福島原子力発電所事故調査委員会が国会内部に設置された。この委員会では、原発事故の原因、発生した被害、関係機関や行政機関の措置、措置が講じられるまでの経緯などについて公正・中立な立場で検証が行われた。

以上概観してきたように、第三者機関は我々の社会の様々な側面において社会的な責務を果たしている。では、もし仮に第三者機関がなかったら、我々の社会はどのようになってしまうのだろうか。次節では、この第三者機関の存在する意義を理論的な側面から考えていきたい。

4.2. 第三者機関の理論的側面

本節のポイント

前節では、我々の社会の様々な分野において第三者機関が設置され、その社会的責務を果たしていることを概観した。では、このような第三者機関はなぜ社会にとって必要となるのだろうか。

本節では、情報経済学の知見をもとに第三者機関の成立要件を理論的な側面から考えていきたい。特に、人々の経済活動を最適な状態から遠ざける要因の一つとして、情報の非対称性の問題を取り上げるとともに、このような問題を解決する社会的な仕組みとして第三者機関が必要とされていることを学んでいく。

4.2.1. 情報の非対称性の問題

①情報の非対称性

第三者機関は、情報を持っている者と持っていない者との間に生ずる情報の非対称性の問題の発生を防ぎ、人々の社会における経済活動を適切な方向に導いていく役割を担っている。ここで第三者機関が社会で必要とされる要因として取り上げた情報の非対称性とは、人々が経済活動を行う際に、取引される商品の内容や品質に関する情報が、取引を行う当事者のどちらかに偏っている状況のことを指す。

例えば、諸君がウェブページで古本を購入しようとしているとしよう。新品ならまだしも、古本はその使用年数や使用・保管状況（丁寧に利用されていてコンディションがいいか、粗悪に扱われていて摩耗や損傷などコンディションが悪いか）によって、同じ本であってもその経済価値に差異が生ずる。このような場合、古本の売り手に商品の品質に関する情報が偏っている状況にある。

仮に、古本の売り手$x1$が利己的な行動をとり、コンディションの悪い商品の情報を隠して、高値で売ったとしたらどのようになるだろうか。そのような古本を購入した買い手$y1$は、「騙された」と思うに違いない。

しかし、このような問題がこの取引だけでなく、多数行われるようになったらどうなるだろうか。売り手$x1$が儲けていることを知った他の売り手$x2, x3, x4……, xn$も、そのような儲けを狙い、粗悪品に高値を付けて古本の販売を行うであろう。そのようになったら、古本のオンライン市場は、粗悪な本が数多く出店されてしまうかもしれない。一方、粗悪品を高値で買わされた買い手は$y1$だけにとどまらず、$y2, y3, y4……, yn$と多数に上るようになれば、古本のオンライン市場の悪いうわさは瞬く間に広まり、古本のオンライン市場そのものが崩壊するおそれが高まるであろう。

この様な情報の非対称性の問題を初めて指摘したのが、Arrow（1963）である。Arrowは、医療現場における医者と患者との間に生ずる医療情報の非対称な状況が、結果的に医療保険の効率的な運用を妨げる要因となっていることを指摘している。

さらに、上記のような市場に生ずる情報の非対称性の問題を明らかにしたのがアカロフ Akerlof（1970）である。Akerlofは、かつて米国の中古車市場において活発な取引が行われていなかった要因として、情報の非対称性の問題が発生していたことを指摘した。中古車は、1台1台その劣化具合や走行距離など品質に差異がある。そのような状況から、中古車販売業者と購入を検討している消費者との間に情報の非対称性が発生しやすい。かつての米国中古車市場では、そのような状況であることから販売業者が自己利益を追求する行動として、品質の悪い中古車が市場に多く出回るという事態が生じていた。販売業者がなぜそのような行動を取ったかというと、仮に良い品質の車を市場に出したとしても、品質の良し悪しが不透明であり、他の車より高い価格をつけにくいことから（なぜなら、消費者は少しでも安い車を買いたいと思うからである）、どうせ売値を安くしなければならないのであれば、悪い品質のものから売ってしまおうと考えるからである。Akerlofは、このような市場の問題の発生要因として、販売業者と消費者との間の情報が非対称であることを指摘したのである。

② 逆選択

上記の中古車市場の例では、販売業者がその品質に見合った価格の中古車を市場に出すことをせずに、劣悪な中古車を市場に出す行為を説明したが、このような行動が市場全体で行われるようになると、市場自体の信頼性が崩れ、活発な取引が行われなくなってしまうであろう。このような状況下では、逆選択

と呼ばれる現象が生ずる。逆選択とは、情報の非対称性が大きいことにより、良い物が選択されるという市場原理が崩れ、粗悪な物が市場で選択されてしまう現象を指す。

例えば、中古車市場では販売業者が中古車の品質が良くないという情報をできるだけ隠して中古車を販売するであろう。そのような個々の販売業者の行動が市場全体でとられるようになると、買い手である消費者は中古車に値付けされている価格よりもさらに低い価値を想像するようになる（なぜなら消費者は、どうせ中古車の品質は悪いのだから、買ったら損してしまうと考えるからである）。これにより、本来売買されたであろう取引が行われなくなる。このような消費者の行動が市場全体でとられるようになると、その市場自体が機能しなくなってしまう。

このように、本来良い物が市場で選択されるはずが、情報の非対称性があることが起因となり悪い物が市場で選択されるようになることから、このような現象は逆選択と呼ばれている。また、市場においてこのような逆選択が発生すると取引が活発に行われなくなり、その市場自体が機能しなくなる。このような状態を市場の失敗と呼んでいる[1]。

4.2.2. 隠された情報の解決

上記のような市場の失敗が起きる原因として、情報の非対称性があげられた。この情報の非対称性とは、中古車の販売業者と中古車の買い手である消費者との間にある情報の格差のことを指しているということを説明した。さらに情報の格差となっている情報は、販売業者のみが知り得ている情報であり、消費者には知り得ない情報である。このような情報は隠された情報と呼ばれている。

したがって、情報の非対称性による市場の失敗の発生を防ぐためには、隠された情報の問題を解決させることが必要となってくる。隠された情報を解決させるための方策としてはスクリーニング、シグナリングおよび組織があげられる。

①スクリーニング

隠された情報を得るための方策として、まずスクリーニングについて説明す

---

1 市場の失敗は、情報の非対称性の問題の他にも、独占や寡占、失業や公害、貧富や地域格差などによっても発生するが、これらの問題については、本書の範囲外として取り扱わないこととする。

る。スクリーニングとは、情報を持っていない者の方から情報を持っている者の情報を得る方策である。

　スクリーニングの具体的な例をあげてみると、企業の人材採用や大学の入試などがあげられる。企業の人材採用では、当該ポストに適した人材を採用するために、一定の学歴を取得していることや、外国語試験のスコアの提示を求めることがある。大学の入試でも同様に、外国語の一定以上のスコアをとっている受験者の外国語試験の免除を行っているケースをよく目にする。この場合、入社（入学）を希望する者は当然ながら自分の能力はよく知っているが、人材を採用する企業（入学者を受け入れる大学）は、彼に対する情報を多く持ち得ているわけではない。もしスクリーニングを行わなかった場合、企業（大学）が求めている水準を満たしているかどうかも分からないだろうし、水準を満たしていない者からも多数応募された場合、採用（入学）者を決定するための選別に多大なコストをかけなければならなくなるであろう。このようなデメリットを克服するための方策としてスクリーニングは有効なのである。

　また、スクリーニングの方策として保険の料金設定では過去の統計データを基にしたスクリーニングの手法が採用されている。例えば自動車保険のケースをみてみると、統計的にみて20代の運転手よりも40代の運転手の方が事故を起こす確率が低い。そのことから年齢に応じて保険料に違いを設けている。また、海外旅行の掛け捨て保険においては、通常の観光目的の旅行なのか、それともダイビングやサーフィンなど危険度の高いスポーツを行う旅行なのかに応じて保険料に違いを設けている。これらは、これまでの蓄積された経験を統計的に評価するという形式でスクリーニングを行っているのである。

②シグナリング

　シグナリングとは、隠された情報を解決させるために情報を持っている者の方から情報を持っていない者に向けて自ら情報を提供していくという方策である。シグナリングの方策として、まず品質保証を考えてみたい。品質保証とは、販売されている商品の品質やその商品の素性などを表示することにより、商品の買い手の情報不足を補う方法である。

　身近な例では、食品に表示されている品質表示や産地表示があげられる（図4-4および4-5参照）。食品に使われている添加物の内容や、食品の産地を知ることで消費者はその食品の良し悪しの判断が行えるのである。その好例として、

一般財団法人日本品質保証機構が発行するJISマークがあげられる（図4-6参照）。商品にJISマークが付いていることで、消費者はその商品が日本品質保証機構の品質基準を満たしているという情報を知ることができるのである。

　このような品質保証をすることで、消費者は彼ら独自では知り得ない情報を入手することができる。それは結果的に売り手による逆選択が低品質の商品を高品質だと偽って供給することを防ぐとともに、消費者の商品に対する不安を取り除くことにつながり、市場取引の効率性を高めるのである。

　他のシグナリングの例として、ブランドがあげられる。ブランドは、低価格商品を販売するブランドや、高級品を販売するブランドなど価格帯に開きがある。

図4-4　食品表示の例a
出典：農林水産省ウェブサイト
(http://www.maff.go.jp/j/fs/f_label/)
（access:2015年7月31日）

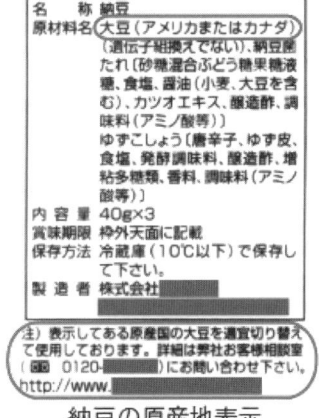

納豆の原産地表示

図4-5　食品表示の例b
出典：農林水産省ウェブサイト
(http://www.maff.go.jp/j/wpaper/w_maff/h18_h/trend/1/zoom_09.html)
（access:2015年7月31日）

図4-6　JISマーク
出典：一般財団法人日本品質保証機構（JQA）ウェブサイト
(http://www.jqa.jp/service_list/jis_a/index.html)
（access:2015年7月31日）

それは結果的にそのブランドの商品はお手ごろ商品なのか、それとも高級商品なのかの判断基準になる。

　例えば、フランチャイズ・レストランのブランドが付いているのであれば、そのレストランではそのブランドの標準化された料理やサービスが提供されることを知ることができる。ファミリーレストランの「ガスト」などはイメージしやすいのではないだろうか（図4-7参照）。一方、高級ブランドのマークが入っている商品は、一目見ただけでその商品の品質が最高クラスのものであることが理解できるであろう。例えば、スイーツの容器に高級洋菓子ブランドのマークやロゴが印刷されていれば、そのスイーツは高級な原材料を使用し、こだわりの製法で生産された高級洋菓子であることが想定できる（図4-8参照）。

図4-7　ガストのロゴマーク
出典：すかいらーくグループのウェブサイト（http://www.skylark.co.jp/gusto/）（access:2015年7月31日）

図4-8　GODIVAの商品とロゴ
出典：GODIVAウェブサイト（http://www.godiva.co.jp/gift/）（access:2015年7月31日）

次のシグナルとして学歴や資格などがあげられる。取得している学歴や資格を示すことで、その人の能力を判断することができる。例えば、企業が人材を採用する際に、履歴書にその人の学歴が記載されていることで、おおよその能力や専門性を知ることができる（もちろん、採用には能力だけでなく人柄も重視されるが、能力を知るという面では学歴は一つの有効なシグナルとなっている）。また、弁護士資格や医師免許なども、その人がある一定レベルの専門知識、技術力などの能力を身に付けていることを他者に知らしめることができる（図4-9参照）。

図4-9　弁護士記章
出典：第二東京弁護士会ウェブサイト
(http://niben.jp/kids/question/answer02.html)（access：2015年7月31日）

③**組織**

最後に組織によって隠された情報の問題の対処についてみていこう。これは、役務や商品を提供する者の能力や品質の評価を第三者が行う社会的な仕組みを形成することにより、隠された情報の問題の解決を図る方策である。

組織の具体的な方策として、まず資格制度を考えてみよう。先のシグナリングの例にも弁護士や医師の資格はシグナリングとなっていることについて言及したが、当該資格はその資格制度を運用している組織によって認定されているものである。

次に認証制度をみていこう。前述の議論で一般財団法人日本品質保証機構のJISマークもシグナリングの例として取り上げたが、この事例もJISマークを発行している一般財団法人日本品質保証機構の認証制度であり、当該機構はそのような認証を付与するための組織である。この制度により、JISマークの付いている商品は、当該機構が定めた安全基準を満たしているということが言えるのである。

4.3. ウェブコンテンツを認定する第三者機関

本節のポイント

これまでの議論では、我々の社会に隆起する様々な社会問題に対し、第三者機関がそのような問題に対処するための諸活動を行っていることを学ぶとともに、その第三者機関の理論的な側面として情報の非対称性の問題から生ずる隠された情報への対応という責務を担っていることを学んできた。この第三者機関は、インターネット空間の社会問題に対してもその社会的責務を果たしている。

本節では、現在我が国で行われているウェブコンテンツに対する第三者機関の事例として、ウェブコンテンツの運営管理体制に対する認定の事例とモバイル・コンテンツのコミュニケーションの運営管理体制に対する認定の事例を概観する。そのことにより、これらの第三者機関が担っている社会的責務について考察する。

4.3.1. ウェブコンテンツの運用管理体制に対する認定

まずウェブコンテンツの運営管理体制に対する第三者認定の事例をみていこう。I-ROI（図4-10参照）では、学識経験者や有識者により策定されたコンテンツ・レイティング基準を用いて、インターネット上のサイトに対する第三者認定を行っている。このコンテンツ・レイティングとは、コンテンツをある一定の基準にのっとって分類することであり、I-ROIのレイティングではコンテンツにおける表現に対してのレイティングが行われている。

I-ROIでは、コンテンツ健全性のレイティング分類を「ALL（全ての年齢に対してふさわしい）」、「12（12歳以上にふさわしい）」、「15（15歳以上にふさわしい）」、「18（18歳以上にふさわしい）」の4段階に分類し、ウェブコンテンツを提供する企業が自ら各年齢区分に適合したコンテンツの配信を行うという「セルフレイティング」の実施状況、およびそのようなセルフレイティングを行う組織

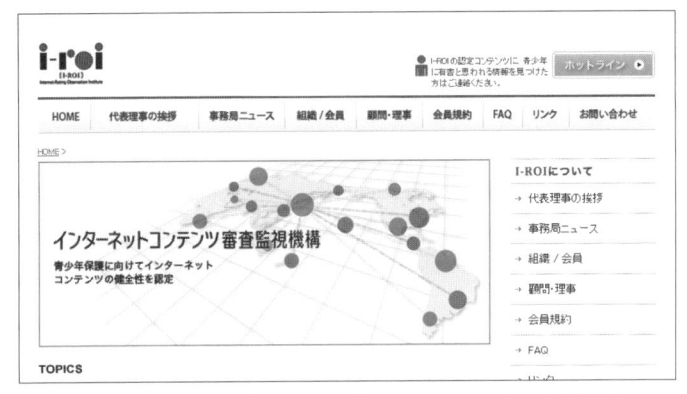

図4-10　一般社団法人インターネットコンテンツ審査監視機構
出典：一般社団法人インターネットコンテンツ審査監視機構ウェブサイト
（http://www.i-roi.jp/）（access:2015年7月31日）

図4-11　I-ROIの健全性認定マーク（画面左下）を掲載するゲームサイト
出典：GAMECITYウェブサイト
（https://www.gamecity.ne.jp/index.html#top）（access:2015年7月31日）

内の管理体制に対して認定を行っている。

　I-ROIの認定を受けた企業は、各年齢区分に応じた健全性を認定する「安心マーク」が付与され、自社のホームページなどで、そのマークの掲示が許される。下記の図は、全ての年齢に対してふさわしいとして、健全性が認定されたゲーム企業のサイト例である（図4-11参照）。

　I-ROIの健全性認定を前節で説明した理論に当てはめて考えてみると、

I-ROIという第三者の「組織」が定めたレイティング基準にのっとりウェブコンテンツの管理体制を評価・認定しているということになる。

また、レイティングにより付与されたI-ROIの安心マークは、「シグナリング」の役割を果たしており、ウェブ閲覧者は自分の年齢に合ったサイトであるかを判断した上でそのサイトの閲覧を続けるか、もしくは続けないかの自己選択を行うことを可能にしているのである。

4.3.2. モバイル・コンテンツのコミュニケーションの運用管理体制に対する認定

次に、主としてコミュニケーション系のモバイル・コンテンツの運用管理体制に対する第三者認定についてみていこう。一般社団法人モバイル・コンテンツ審査・運用監視機構（以降：EMA）（図4-12参照）では、主にモバイル・コンテンツにおけるコミュニケーションの運営管理体制に対して第三者認定を行っている。

EMAは、モバイル・コンテンツの健全な発展と、青少年とって有害と考えられる違法・有害情報が青少年に遭遇してしまう社会的問題に中立な立場から対処するために設立された第三者機関である。

EMAの認定は、SNS・ブログ・電子掲示板・動画共有サービス・電子コミック等のウェブページに対する審査基準として、基本方針、サイトパトロール体制、

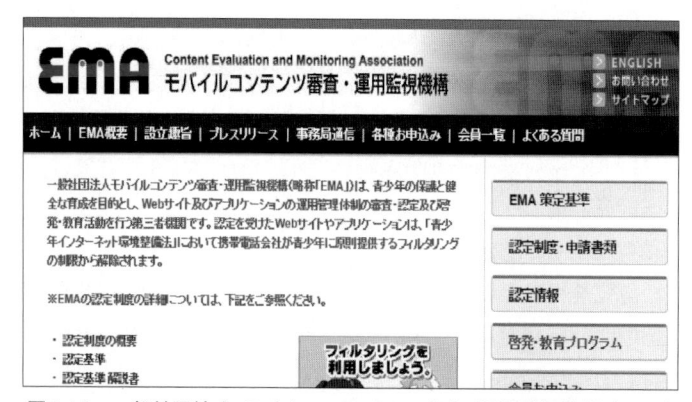

図4-12　一般社団法人 モバイル・コンテンツ審査・運用監視機構（EMA）
出典：一般社団法人 モバイル・コンテンツ審査・運用監視機構ウェブサイト
（http://www.ema.or.jp/ema.html）（access:2015年7月31日）

ユーザー対応、啓発・教育の4分野において審査を行っている。

　理論面からみたEMAの第三者認定機関としての社会的責務としては、EMAという「組織」が策定したモバイルコンテンツ運用管理体制認定制度の評価基準を基に、青少年に配慮されたモバイルコンテンツであるかの認定を行っていることになる。このようなEMAの取組みにより、青少年に配慮されているか否かの「隠された情報」を第三者が知ることができる。このEMAの認定を基に、携帯電話会社等の通信事業者は自社の携帯電話にフィルタリングを設定した際に閲覧できるサイトと、できないサイトの判断に利用することができるのである。

参考文献

Akerlof, G. (1970) The market for lemons: quality uncertainty and the market mechanism. Quarterly Journal of Economics, Vol.84, No.3, 488-500.

Arrow, K.J. (1963) Uncertainty and the welfare economics of medical care. The American Economic Review, Vol.58, 1963, pp.941-973.

Holt, Charles A. and Roger Sherman (1999), "Classroom Games: A Market for Lemons," Journal of Economic Perspectives, Winter 1999, pp.205-214.

Milgrom, Paul and John Roberts (1992), Economics, Organization and Management, Englewood Cliffs, Prentice Hall.

第2部
法令編
iコンプライアンスと関連法規

第5章

インターネット上の違法・有害情報

本章のあらまし

　本章では、インターネット上での違法又は有害な情報とは何かを学び、それに対し、どのような対策がなされているかを学ぶ。

本章の学習目標
- 違法情報、有害情報の考え方及びその例について説明できる。
- 違法情報、有害情報のそれぞれの対策について説明できる。

5.1. 違法・有害情報とは

インターネット上の情報の中には、違法な情報や有害な情報が存在する。これらをまとめて違法・有害情報というが、違法・有害情報と言っても、その内容には様々なものがある。これらの違法・有害情報に関しては、その情報によって対策が異なってくることから、何が違法・有害情報なのかを理解する必要がある。

5.2. 違法情報

5.2.1. 違法情報の種類

違法情報とは、端的に言えば法に違反する情報である。しかし、法に違反する情報とは言っても、名誉毀損・プライバシー侵害、又は著作権侵害のように、民法上不法行為となる権利侵害情報と、いわゆる「わいせつ」、児童ポルノ等、権利侵害の有無とは関係なく、刑法等で禁止されている公法的な違法情報がある。

5.2.2. 権利侵害情報

第三者の権利を侵害する情報は、法に違反する情報として違法情報に該当するものと解されている。典型的には、名誉毀損・信用毀損、プライバシー・肖像権侵害、著作権・商標権侵害などである。これらの情報をまとめて便宜上「権利侵害情報」と称することがある。

これらの権利侵害情報は、被害者が存在するという特徴があり、通常、被害者からの権利侵害の申立という形で顕在化することが多い。このような被害者

の権利の救済と、インターネット上での表現の自由などの尊重という両方のバランスをとる手段として、プロバイダ責任制限法が制定され、さらに、同法に基づく判断を具体化するものとして、同法のガイドライン等が制定されている（詳しくは第6章を参照）。

5.2.3. 公法的違法情報

　違法情報には、被害者の権利侵害を前提とせず、刑法等で直接禁止されている情報が存在する。

　具体的には、児童ポルノ（児童買春・児童ポルノ禁止法）、わいせつ（刑175条）、規制薬物の広告（麻薬取締法29条の2）などである。

　これらは、一定の表現行為そのものが刑罰をもって禁止されているものであり、これらの情報を発信する行為が規制されているものである。

　なお、これらの情報については、一定の表現内容そのものが違法とされていることから、たとえば、「わいせつ」などその判断が難しいものもあり、最終的な違法性の判断は裁判所が行うことになる。とはいえ、児童ポルノや、規制薬物の広告などは、違法性の判断がそこまで難しいものでもなく、そのような情報がインターネット上で流通することはできるだけ防ぐ必要がある。

　違法情報の投稿自体が禁止されていることは前述のとおりだが、かかる情報の媒介者であるプロバイダにおいても、現在、このような情報を自主的に削除するための活動が行われている[1]。そもそも、これらの情報は、発信することが認められていないものであるから、サーバー管理者としても、これらの情報を必要な限度で削除しても管理者が責任を問われることはない。

　その一方、違法情報の投稿を知りつつそのまま放置しておいた場合は、違法情報への拡散行為を幇助したとして刑事責任を問われる可能性があるため、サーバー管理者としては適切な対応が必要である[2]。

　特に、児童ポルノに関しては、実在の児童への被害の程度が大きいことか

---

[1] 電気通信事業者協会、テレコムサービス協会、日本インターネットプロバイダー協会、日本ケーブルテレビ連盟「インターネット上の違法な情報への対応に関するガイドライン」2014年。(http://www.telesa.or.jp/wp-content/uploads/consortium/illegal_info/pdf/20141215guideline.pdf)
[2] 状況によっては共同正犯として投稿者と同じ刑事責任を問われる場合もある（東京地判平18・4・21判例集未登載、評釈として刑事法ジャーナル9号135頁など）。

ら[3]、2011年4月より、民間の自主的取組の一環として、児童ポルノ情報への接続を接続プロバイダが強制的に遮断するブロッキング[4] が行われている。ブロッキングは、通信の秘密を侵害する危険があることや、情報のアクセスそのものを強制的に遮断するという効果が強力過ぎることなどから、一般の違法情報には導入されていない。

また、投稿内容に対する法的規制のうち、成人による投稿は禁止されていないが、未成年による投稿が違法とされるものがある。2013年の公職選挙法の改正により、ネット上での一定の選挙活動が認められるようになったが、公職選挙法では、そもそも、未成年の政治活動を罰則をもって禁じている（公職選挙法239条、137条ノ2）。つまり、ネット上の選挙活動に関する投稿は、成人にとっては合法でも未成年の場合は違法となる点に注意が必要である。

5.3. 有害情報

5.3.1. 有害情報の種類

有害情報は、違法とはいえないが、当該情報の閲覧が何らかの理由により害になるのではないかと思われるような情報である。有害情報は、違法情報と異なり、そのような情報のアップロード自体が禁止されているようなものではない点に注意が必要である。

有害情報には誰にとっても有害な情報、つまり、公序良俗に反するような情報と、成長段階である青少年が閲覧することが有害な情報とに分けられる。

---

[3] 日本では、児童ポルノは、実在の児童の存在を前提としている。
[4] 児童ポルノのブロッキングは、現在、特定ドメインを指定する方法で行われているのが一般的であり、一般社団法人インターネットコンテンツセーフティ協会が、かかるURLリスト作成管理団体として活動している。ブロッキングの詳細については、同団体のウェブサイト (http://www.netsafety.or.jp) (access:2015年7月31日)を参照されたい。

5.3.2. 公序良俗に反する情報

　自殺の誘引をする投稿、人の遺体等の画像等、また違法行為の一般的請負などに関する情報は、一般人であれば、閲覧することを望まない情報であり、また、その流通が公序又は善良な風俗の見地からして望ましくない情報である。しかし、違法ではない以上、そのような情報の発信や受信が禁じられているとは言えず、サーバー管理者等が勝手に削除等をした場合、法的責任が発生しないとはいえない。

　とはいえ、サーバー管理者や情報の媒介者であるプロバイダーとしてはこのような情報の流通を認めたくないであろう。そこで、実際上は、ユーザーとの契約において、このような公序良俗に反する情報の投稿を禁止行為とし、このような禁止対象たる情報が投稿された場合、管理者の判断において削除できる旨の規定を設けることが行われている。このような規定に基づいた削除等であれば、ユーザーとの合意による対応として、法的責任を負わない形で対応が可能である[5]。

5.3.3. 青少年有害情報

　一般人にとっては閲覧することに何ら問題がない情報であっても、発達途上の青少年が閲覧した場合、青少年の発達に有害な影響を与える情報が存在する。かかる情報は受信者の発達段階に応じて、その有害性が異なることになる。

　このような情報を青少年有害情報というが、青少年有害情報に対する対策として、「青少年が安全に安心してインターネットを利用できる環境の整備に関する法律」が制定されている。同法では、青少年有害情報は、「インターネットを利用して公衆の閲覧に供されている情報であって青少年の健全な成長を著しく阻害するもの」と定義されているが、その具体的内容は例示に留まっており、例えば、犯罪の誘引、アダルト、残虐などの情報が挙げられている。

　そもそも、違法情報ですら、その判断が難しく、法律によってこれを規制することは、表現の自由との観点で問題となりうるところ、受信者によって有害性が異なるような表現を法で規制することは重大な問題であり、同法も青少年有害

---

[5] 電気通信事業者協会、テレコムサービス協会、日本インターネットプロバイダ協会、日本ケーブルテレビ連盟（2014）「違法・有害情報への対応等に関する契約約款モデル条項」2014年。(http://www.telesa.or.jp/wp-content/uploads/consortium/illegal_info/pdf/The_contract_article_model_Ver10.pdf) 等参照。

情報を法的に規制はしておらず、民間の自主的な取組として、青少年による青少年有害情報の閲覧機会の最小化を内容とするものになっている。

青少年有害情報の閲覧機会の最小化とは、具体的には、フィルタリング[6]等の利用である。フィルタリングは、受信者側で情報の閲覧をするかしないかの選択ができることから、青少年の発達段階に応じた情報の選択がしやすいし、また、フィルタリングを利用しない限り、同情報の受発信は、何ら制限されないから、表現の自由・知る権利の観点からの問題も生じにくい。

なお、青少年有害情報については、表現の内容そのものが有害と考えられる、アダルトや残虐などのコンテンツリスクと、表現の内容ではなく、そのような表現（投稿）を行った者と青少年が接触することで青少年の健全な発展が阻害されるコンタクトリスクがある点を考慮しておく必要がある。

コンタクトリスクとは、インターネットをコミュニケーションとして使い、投稿者と接触することで、例えば、青少年が青少年保護育成条例違反、児童買春、児童ポルノ製造などの被害者となるリスクである。このような観点から、携帯電話事業者などが提供しているフィルタリングサービスでは、コミュニケーションに分析されるサービスは原則として[7]フィルタリングの対象とされているが、利用者の判断によるフィルタリングの解除等の仕組みが導入され、過度な制限にならないような工夫がされている。

参考文献
総務省インターネット上の違法・有害情報への対応に関する検討会「最終取りまとめ」2009年。(http://www.soumu.go.jp/menu_news/s-news/2009/090116_1.html)

---

[6] フィルタリングの詳細については、内閣府のウェブサイト (http://www8.cao.go.jp/youth/youth-harm/seibi_law/) (access:2015年7月31日)を参照。

[7] インターネット上のサイトの管理状態を監視し青少年の利用に適切であるか否かを審査する第三者機関として一般社団法人モバイルコンテンツ審査・運用監視機構 (EMA) (https://ema.or.jp/) や一般社団法人インターネットコンテンツ審査監視機構 (I-ROI) (http://www.i-roi.jp) などがある。

第6章

個人の権利侵害とプロバイダ責任

本章のあらまし

　本章では、プロバイダ等がインターネットにおける情報流通の媒介者であるという特徴を理解した上で、権利侵害情報に対するプロバイダ等の法的責任のあり方についての基本的な考え方を学ぶ。その上で、こうした基本的な考え方を踏まえて民事責任に関する一般法である民法の原則を修正する特則を定めたプロバイダ責任制限法の内容を学習する。
　最後に、プロバイダ等の刑事責任についても簡単に見る。

本章の学習目標
- 情報流通の媒介者の法的責任のあり方についての基本的な考え方を説明できる。
- プロバイダ責任制限法による責任制限について、削除しなかった場合の責任と削除した場合の双方について説明できる。
- 発信者情報開示の要件および手続について説明できる。
- プロバイダ等の刑事責任についての基本的な考え方について説明できる。

6.1. プロバイダの責任とは

6.1.1. プロバイダの法的地位

　通常、プロバイダといえば、インターネット接続サービスを提供するアクセスプロバイダ（ISP）のことを意味することが多く、この意味でのプロバイダはインターネット接続サービス事業者などとも呼ばれる。しかし、ウェブホスティングサービスなど他人の情報発信の機能や場を提供するホスティングプロバイダ（HSP）も含めてプロバイダと呼ばれることもある。実際には、多くのプロバイダは両方のサービスを提供している。

　これらは他人の情報発信を媒介する役割を果たしている点で共通し、後に述べるプロバイダ責任制限法（特定電気通信役務提供者の損害賠償責任の制限及び発信者情報の開示に関する法律）にいうプロバイダ（同法の文言では「特定電気通信役務提供者」）にはISPとHSPの両者に加え、6.2.2.で説明する「特定電気通信役務提供者」にあたれば、大学、地方公共団体、電子掲示板を管理する個人等も含まれる点に注意が必要である。これらは、常識的な意味でのプロバイダには含まれない場合があるため、本章では、これらを合わせて「プロバイダ等」と呼ぶことにする。

　これに対して、インターネットのコンテンツを自ら発信するものをコンテンツ・プロバイダと呼ぶことがあるが、これは情報の媒介者ではないので、本章にいうプロバイダには含まれない。

6.1.2. プロバイダ等の法的責任

　インターネットが広く普及し、国民生活に不可欠なものとなっている一方で、そこでの違法・有害情報の流通も問題となっている。

　インターネット上で名誉毀損やプライバシー侵害、あるいは著作権侵害など、個人や企業の権利を侵害する情報が発信された場合、被害者は、本来はその情報の発信者の法的責任を追及するのが筋であるとも言えるが、発信者が特定できないとかあるいは単に発信者に資力がないなどの様々な理由から、プロバイ

ダ等にその情報の削除を求めたり、あるいは損害賠償請求を行うなどして法的責任を追及したりする場合がある。

　また、他人の権利を侵害するわけではないが違法、あるいは青少年に有害な情報が発信された場合、プロバイダ等に削除要請がなされる場合がある。さらに、刑法に反する場合にはプロバイダ等の刑事責任が問われる場合もある。いずれも、やはり本来は発信者に対応が求められるはずであるが、プロバイダ等の法的責任が生じる場合もある。

　また、プロバイダ等が情報を媒介する役割を果たしていることに着目して、特別な法的義務が課される場合もある。例えば、青少年インターネット環境整備法は、プロバイダに加入者から求められた場合にはフィルタリングサービス提供義務を課している（同法18条）。なお、プロバイダの中でも携帯電話会社（携帯電話インターネット接続役務提供事業者）は、原則としてフィルタリングをした上でインターネット接続サービスを提供しなければならない（同法17条）。

6.1.3. プロバイダの法的責任の根拠

　これらのプロバイダ等の法的責任のうち、本章では、個人の権利侵害があった場合について検討する。プロバイダ等は情報の媒介者であるから、プロバイダ等自身が権利侵害情報を発信したわけではない。そこでまず、なぜプロバイダ等が他人の発信した情報について法的責任を負わなければならないのかが問題となる。

　法的責任にも様々な種類があるが、説明の単純化のため、HSPが自ら管理するサーバ上に開設された電子掲示板等に他人の名誉を毀損する誹謗中傷が書き込まれた場合に、プロバイダ等の削除義務や民事の損害賠償責任（民法709条）が追及されるという例を念頭に考えてみたい。

　この場合、まず、名誉を毀損された者は、プロバイダ等には権利を違法に侵害する書き込みを削除すべき義務（これを「作為義務」という）があるのでそれを果たして削除を行うこと、あるいはそれを果たさなかったこと（これを「不作為」という）を理由として損害賠償を請求することになる。しかし、ここで問題となるのは、なぜプロバイダ等は権利侵害情報を削除する作為義務があるのかということである。例えば、同じ情報の媒介者でも、郵便会社や電報会社は、仮に受信者に対する脅迫状が送られていることを知っていたとしてもそれを差し止

める義務はないばかりか、差し止めることは通信の秘密の侵害として、かえって発信者から責任を問われることになる。

　この点については、裁判所は一定の場合に「条理」（ものごとの筋道という意味）に基づいて作為義務が発生すると判断してきている（最初期の事件としてニフティサーブ事件[1]）。そして、どのような場合に作為義務が発生するかについては、プロバイダ等がその権利侵害を知っていたこと（あるいは知ることが可能であったこと）を前提に、以下のような要素が考慮されている。

① **非難すべき先行行為**。プロバイダ等（基本的にはHSPというよりは掲示板管理者のことが多い）が匿名性を宣伝するなどして権利侵害情報が発信されることに間接的に関与していることなどである。
② **作為（削除）可能性**。プロバイダ等が問題の権利侵害情報を削除できる権限を持っていることなどである。
③ **排他的支配性**。プロバイダ等に作為義務を認めなければ被害者の救済ができないことなどである。
④ **権利侵害の態様・程度**。

　ただ、どの要素をどの程度重視して判断するかは判決ごとに様々であり、明確で一義的な基準はないのが現状である。

　プロバイダ等の作為義務を幅広く認めれば、被害者の救済には役に立つが、難しいのは、その場合、プロバイダ等は常時書込みを監視し、権利侵害のおそれがあるものを片端から削除することになりかねないことである。このようなことがあれば、ネット上における表現の自由の幅がプロバイダ等によって狭められてしまい、妥当ではない。

　以上が、権利侵害情報を削除しないことによって被害者からプロバイダ等の責任が追及される場合であるが、逆に、正当な書込みを権利侵害だと誤って削除したことによって発信者から法的責任を追及される場合もありうる。

　このように、プロバイダ等は発信者と被害者の間で板挟み状態になるのである。発信者の表現の自由を確保しつつ、プロバイダ等の判断の負担を軽減するためには、各国で特別な法律が制定されている。日本でも、2001年に次に見るプロバイダ責任制限法が制定されている。

1　東京高判2001年9月5日判時1786号80頁

6.2 プロバイダ責任制限法と民事責任

6.2.1. 概要

　インターネットにおける情報流通を媒介するプロバイダ等（ISP、HSP、掲示板管理者などを広く含む）の中には、権利侵害情報の削除等の措置ができるものもあるが、6.1.3.で述べたように、削除等の措置を講じた場合、あるいは講じなかった場合のそれぞれどのようなときに法的責任が生じるのかが明確でない。また、そもそも、削除等を要請された情報が本当に違法な権利侵害に該当するのかどうかを判断することも（中小事業者も多い）プロバイダ等には負担となる。その結果、権利侵害情報が迅速に削除されないことも実際には多く、被害者救済に欠ける状況があった。

　また、被害者の観点からは、権利侵害情報の発信者の責任を追及しようとしても、そもそも発信者の身元を特定することが困難であった。発信者情報はプロバイダ等が保有していることが多いが、発信者情報は通信の秘密やプライバシーに該当することから、被害者（と称する人々）に対して開示することは容易ではないのである。

　これらの問題を解決するために、2001年に制定されたのがプロバイダ責任制限法である。この法律は、権利を侵害すると思われる情報を削除しなかった場合と削除した場合の双方について、一定の要件を満たせば民事責任を免責することを定める（3条）。6.1.3.では、プロバイダ等の作為義務が生じる場合について述べたが、プロバイダ責任制限法は作為義務が生じる基準を定めるという方法ではなく、作為義務が生じるかどうかは別として、同法の定める一定の要件を満たせば免責されることという形で問題の解決を図っている。詳細については本節で述べる。なお、この法律で責任が限定されるのは民事責任についてであり、刑事責任には本法は直接適用されない（刑事責任については6.4.で簡単に述べる）。

　また、プロバイダ責任制限法4条は、発信者情報の開示請求について規定する（詳細は6.3.で述べる）。

ところで、プロバイダ責任制限法の制定を受けて、プロバイダ等およびその業界団体や著作権等の権利者団体によって、プロバイダ責任制限法ガイドライン等検討協議会が設立され、責任の明確化や、どのような場合が発信者情報開示の要件に該当するのかを具体化し、現場での判断の負担を軽減するため、次のようなガイドラインが作られている。
・名誉毀損・プライバシー関係ガイドライン
・著作権関係ガイドライン
・商標権関係ガイドライン
・発信者情報開示関係ガイドライン
　このように、ガイドラインは権利侵害の類型ごとに、判断基準や手順、あるいは書式なども含め詳細に規定されており、民間のガイドラインであって法令としての効力は有しないものの、現場での業務に携わる者にとって非常に重要である。また、著作権と商標権においては、「信頼性確認団体」の認定制度が設けられ、より簡易な判断が可能になっている。
　プロバイダ責任制限法は2001年の制定後、今日に至るまで何度か検証の対象となっており、その結果を踏まえて総務省令やガイドラインの改正がなされているが、以下で述べる基本原則自体の改正はなされていない。他方、2013年のインターネット選挙運動の解禁にともなって3条の2が追加され、3条2項の特例が定められた。また、2014年成立のリベンジポルノ規制法（私事性的画像記録の提供等による被害の防止に関する法律）4条でもプロバイダ責任制限法の特例が定められた（こちらの方はプロバイダ責任制限法自体の改正はない）。

6.2.2. 特定電気通信および特定電気通信役務提供者

　プロバイダ責任制限法の適用範囲を理解するために重要な用語として、特定電気通信および特定電気通信役務提供者というものがある。
　特定電気通信とは、不特定の者によって受信されることを目的とする電気通信（電気通信事業法2条1号に規定する電気通信）の送信（公衆によって直接受信されることを目的とする電気通信の送信を除く）と定義されている（2条1号）。要するに、インターネット上のウェブページや電子掲示板等のことである。他方、同じくインターネットを利用するものであっても、電子メールは1対1の通信であ

るから特定電気通信に含まれず、プロバイダ責任制限法の適用対象とならない。メールマガジンのように同時に多数の者に送信される場合でも、個別のメールの集積であるから通常のメールと同様、特定電気通信に該当しない。また、不特定者によって受信されるものであっても、放送に該当するものは特定電気通信に含まれない。

　特定電気通信役務提供者とは、特定電気通信設備を用いて他人の通信を媒介し、その他特定電気通信設備を他人の通信の用に供する者をいう（2条3号）。特定電気通信設備とは、特定電気通信の用に供される電気通信設備のことである（2条2号）。要するに、営利・非営利にかかわらずウェブホスティング等を行うプロバイダ等や、第三者が自由に書込み可能な電子掲示板を運営している者のことである。いわゆるHSP事業者などに限らず、大学、地方公共団体、電子掲示板を管理する個人等も含まれる点に注意が必要である。冒頭にも述べたが、本章で「プロバイダ等」と呼んでいるのは、この特定電気通信役務提供者のことである。

　なお、発信者にインターネットへのアクセスを提供するだけのISP（経由プロバイダ）が特定電気通信役務提供者に該当するかどうかについて、かつては議論があったが、最高裁は該当すると判断した[2]。

6.2.3. 削除しなかった場合の責任制限（3条1項）

　プロバイダ責任制限法3条1項は、権利侵害情報による被害者に対する民事責任をプロバイダ等が負う場合を次のように限定している。
① プロバイダ等が削除等の送信防止措置をとることが技術的な可能な場合であって、
② プロバイダ等が他人の権利を侵害されていることを知っていたとき、
③ または、プロバイダ等が当該情報の流通を知っていた場合であって、それによって他人の権利が侵害されていることを知ることができたと認める相当の理由があるとき、
　である。

2　最一小判2010年4月8日民集64巻3号676頁.

①＋②または①＋③以外の場合には、削除をしなくてもプロバイダ等の責任が生じることはない。②と③の違いは分かりにくいが、②は情報の存在を知っていただけでなく、それが権利を侵害することまで知っていたことを意味し、③は情報の存在自体は知っていたもののそれが権利を侵害することまでは知らなかったが、ただ、一定の注意を払えば権利侵害であると認識できたはずであるという場合である。

　②にしても③にしても、情報自体の存在を知らない場合には責任が発生することはない。このことが間接的に意味するのは、自らの管理する掲示板等に権利侵害情報がないかどうかプロバイダ等がパトロールして常時監視する義務はないということである。被害者や法務省人権擁護機関から通報を受けてからそれが本当に権利侵害情報に当たるかどうかを判断することになる。

　また、注意が必要なのは、①＋②または①＋③の要件が満たされている場合に自動的にプロバイダ等の責任が発生するわけではないことである。これらの要件のほか、6.1.3.で述べたプロバイダ等の作為義務違反や、その他の損害賠償責任に関する一般的な要件（因果関係など）が存在して初めて損害賠償責任が発生する。被害者（原告）にはこれらの要件の立証が求められることになる。

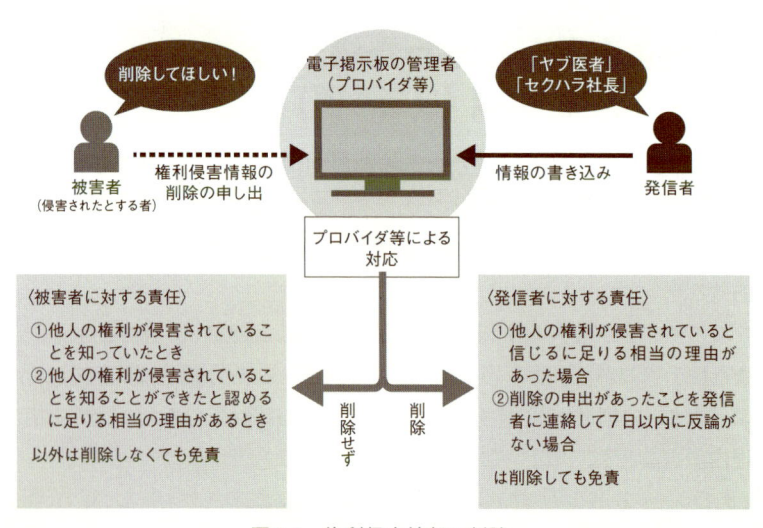

図6-1　権利侵害情報の削除

出典：総務省総合通信基盤局消費者行政課(2013)「プロバイダ責任制限法について」
(http://www.cao.go.jp/consumer/iinkai/2013/129/doc/129_130806_shiryou7.pdf)

6.2.4. 削除した場合の免責

　プロバイダ等が権利侵害情報だと判断して削除をした場合、当該情報の発信者に対して民事責任を負う可能性があるが、プロバイダ責任制限法3条2項は、次の場合には責任は生じないとして免責事由を定めている。
① プロバイダ等が他人の権利が不当に侵害されていると信じるに足る相当の理由があった場合。
② または、被害者から削除の申し出があったことを発信者に連絡して7日以内に反論がない場合。

　3条2項の場合、①と②は別の角度からの定めであるので、順次説明する。

　①については、プロバイダ等の判断の負担が問題になる。例えば、名誉毀損を考えた場合、「他人の権利が不当に侵害されている」といえるためには、単に社会的評価を低下させるような情報発信があっただけではなく、その情報に公益性や公益目的がなく、または真実ではないなどの事情も必要である。プロバイダ等はこうした判断を求められることになり、「権利が不当に侵害されている」と考えて削除した場合でも、その判断に誤りがあり、かつそれについて十分な注意を払っていないとされる（「相当の理由」がないとされる）場合には、免責されず、発信者に対して責任を負う可能性があるのである。

　このような判断の困難さは、名誉毀損（名誉権侵害）に限らず、その他の権利についても同様であるが、著作権関係と商標権関係のガイドラインは、判断の負担を大きく軽減するための仕組みを定めている。特に、信頼性確認団体を通じた削除請求について、プロバイダ等は形式的な判断で削除をすることが認められている。

　信頼性確認団体とは、著作権関係ガイドラインを例にとれば、本来はプロバイダ等が行うべき著作権侵害の申出者の本人性確認、著作権者であることの確認、著作権侵害であることの確認といった判断をプロバイダ等に代わって適切に行うことができるものとしてプロバイダ責任制限法ガイドライン等検討協議会によって認定された団体である。著作権関係では、JASRAC（一般社団法人日本音楽著作権協会）をはじめ12団体が認定されている。商標権関係ガイドラインでも同様の仕組みがあるが、実際に認定されているのは1団体（一般社団法人ユニオン・デ・ファブリカン）のみである。

　このような信頼性確認団体を経由した削除請求については、プロバイダ等は

不当な権利侵害かどうかの実質的な判断を省略して、削除請求の書式等が整っているかといった形式的審査のみによって削除を行っても①の要件を満たすものと扱われる。

ただし、これはあくまでも業界の定めたガイドラインに基づく仕組みであるから、訴訟になった場合に裁判所が法的にこれに拘束されるわけではない。しかし、実際には特に問題となった事例はないようである。

他方、名誉毀損やプライバシー侵害については、誰もが被害者となりうるものであり、権利者団体のようなものが存在しないため、信頼性確認団体の制度は成立しない。ただ、名誉毀損・プライバシー関係ガイドラインでは、法務省人権擁護機関からの削除依頼に対しては、一定の簡単な事項の確認によって削除を行うものとしている。また、それ以外の場合には実質判断が求められるが、ガイドラインでは侵害の類型化を行って判断の負担の軽減を図っている。

次に、②については、プロバイダ等に権利侵害の有無等に関する実質判断は要求されず、被害者等から削除依頼を受けて発信者への照会を行い、7日以内に削除に同意しないという回答がなかった場合に削除が可能となる。

ところで、3条2項については、最近の法改正によって二つの特例が設けられている。1つは2013年のプロバイダ責任制限法改正によって設けられた同法3条の2であり、インターネット選挙運動に関する特例である。選挙運動期間は短いため、迅速な削除が要請されるためである。この関係では二つの免責事由が定められた。

第1は、上述の②の特例であり、選挙運動又は落選運動のためのネット上の情報（特定文書図画）が候補者や政党の名誉を毀損する場合には、発信者への照会期間が7日ではなく2日に短縮される。

第2は、インターネット選挙運動で用いられる情報発信には発信者の電子メールアドレス等の連絡先を表示する必要があるが、こうした表示のない名誉侵害情報の削除による責任は免責される。

さらに、2014年制定のリベンジポルノ規制法4条も、上述②の特例を定めており、リベンジポルノの被害者からの削除要請があった場合に、発信者への照会期間を2日としている。

最後に、3条2項についてその他の注意事項であるが、まず、削除の範囲は、必要な限度でなければならず、例えば、発言の一部だけを削除することができ、

それで足りるのに全部を削除した場合などは必要な限度を超えると判断される可能性がある。

また、本項の規定は任意規定であり、契約（約款、利用規約）によって合理的な範囲でこれとは異なる定めをすることも可能である。例えば、健全性を謳うサイトにおいて、権利侵害情報の削除をより緩やかに認めるような利用規約を定めることもできる。

6.3. 発信者情報開示

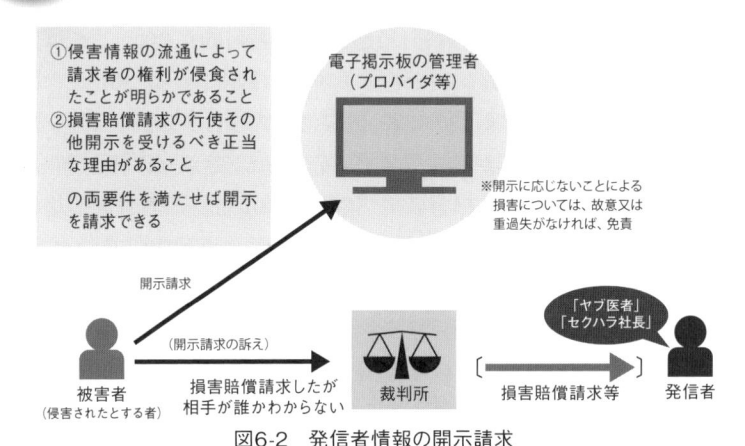

図6-2　発信者情報の開示請求
出典：総務省総合通信基盤局消費者行政課(2013)「プロバイダ責任制限法について」
(http://www.cao.go.jp/consumer/iinkai/2013/129/doc/129_130806_shiryou7.pdf)

これまで、プロバイダ等の責任について述べてきたが、権利侵害情報の法的責任を本来負うべきなのは当該情報の発信者であり、被害者は発信者の責任を追及するのが筋であろう。しかし、インターネットには完全な匿名性はないとはいえ、一般人にとっては発信者の身元を確認することが困難なことが多い。プロバイダ等は通信の秘密あるいはプライバシーの保護を理由に、任意には発信者を特定するための情報（発信者情報）を開示しないことが通常であるからである。このような場合、発信者不詳のまま民事訴訟を提起し、訴訟手続の中で発信者を特定することができればよいが、日本の民事訴訟法は訴えの時点で被

告（発信者）を特定する必要がある。

　こうした状況を前提に、プロバイダ責任制限法4条は、発信者情報の開示請求権を定めた。それによれば、次の二つの要件を満たす場合、権利侵害情報の被害者は、プロバイダ等に対して発信者情報の開示を請求することができる。開示請求は、訴訟によって行ってもよいし、訴訟によらなくてもよい（プロバイダ等が拒否した場合は訴訟によることになる）。

① 権利侵害情報によって開示請求者の権利が侵害されたことが明らかであること（権利侵害の明白性）。
② 発信者情報の開示を受けるべき正当な理由があること（正当理由）。

　まず、①について、権利侵害の明白性はどのような場合に認められるのだろうか。この点については、例えば、名誉毀損を考えた場合、「他人の権利が不当に侵害されている」といえるためには、単に社会的評価を低下させるような情報発信があっただけではなく、その情報に公益性や公益目的がなく、または真実ではないなどの事情があって初めて権利侵害の明白性が認められる。この権利侵害の明白性は、原則として開示請求者（被害者）が証明しなければならないが、それでは開示請求者の負担が重すぎて被害者救済に欠けるという批判もある。

　②の正当理由については、損害賠償請求、謝罪広告等の名誉回復措置の請求、差止請求、削除請求といった措置をとるためといった理由が典型的である。

　プロバイダ等が開示請求を受けた場合、当該権利侵害情報の発信者と連絡が取れない場合などを除き、開示するかどうかについて発信者の意見を聞かなければならない。発信者の表現の自由やプライバシーの保護のためであるが、プロバイダ等が権利侵害の明白性があるか否か確認するためにも必要である。

　開示請求を受けたプロバイダ等がこれら二つの要件を充たしていると判断した場合、あるいは裁判所により要件を満たしているとして開示を命じられた場合、開示に応じなければならない。この場合、発信者情報の具体的な内容としては、氏名・名称、住所、メールアドレスに加え、IPアドレス、携帯電話端末等の利用者ID、携帯電話端末等のSIMカードのID、これらのタイムスタンプ、ポート番号である。

　なお、発信者情報の開示がされた場合、開示を受けた請求者は、これを不当な目的に用いてはならない（4条3項）。発信者情報をネット上に"晒す"ような行為が典型的である。

　逆に、プロバイダ等が開示請求に応じなかった場合、それにより開示請求者

に損害が生じた場合であっても、故意または重過失がなければ損害賠償責任は負わない（4条4項）。この規定により、プロバイダ等は、判断に迷った場合には開示を拒否することになり、発信者のプライバシーが保護されることになる。

　以上が、発信者開示請求の手続の概要であるが、それ以外に注意すべき点をいくつか述べる。まず、匿名掲示板等に権利侵害情報が書き込まれた場合、実際には開示請求を2段階（あるいは3段階以上）で行わなければならないことが多い。つまり、まずは掲示板管理者にIPアドレスとタイムスタンプの開示請求を行い、その後、この情報を基にISPに開示請求を行い、発信者の住所、氏名等の開示を受ける必要がある。

　また、発信者情報開示請求は、プロバイダ等がアクセスログを保存していない場合には空振りに終わる。日本ではアクセスログの法的な保存義務が存在せず、プロバイダ等が業務上必要な期間保存しているだけである。そのため、早期に開示を受けるためには、裁判所に仮処分の申請を行う必要がある。

6.4. プロバイダの刑事責任

　プロバイダ責任制限法は、民事責任の制限に関する法律であり、刑事責任には直接適用されない。ただし、個人の権利利益を保護する刑罰については、民事責任と刑事責任とが同時に問題となることがあり、その場合に、民事責任が生じないのに(より厳しいはずの)刑事責任が生じることには違和感があるため、刑事責任を論じる際には、民事責任における議論やプロバイダ責任制限法とのバランスも念頭に置かれている。

　プロバイダ等の刑事責任が問われる主な犯罪としては、名誉毀損（刑法230条）や児童ポルノ提供罪・公然陳列罪（児童ポルノ禁止法7条6項）のように個人の権利利益を保護するための犯罪に関する場合もある一方で、わいせつ物公然陳列等罪（刑法175条）のように社会的な法益を保護するための犯罪に関する場合もあるが、プロバイダ等の刑事責任については基本的に同様の議論があてはまるので、以下では特に区別はしない。

プロバイダ等の刑事責任が問われる場合としては、①犯罪行為にプロバイダ等の積極的な関与が認められない場合と、②積極的関与が認められる場合とがある。

　①は、電子掲示板等の運営者が違法な情報の投稿を削除することなく放置するような不作為の場合である。このような場合、違法な情報が投稿された時点で発信者について犯罪は完成しているから、事後的にこうした情報の存在を知り、それを単に放置していただけではプロバイダ等に犯罪は成立しないと考えられている。

　②については、電子掲示板等の運営者が違法情報の投稿をユーザーに積極的に呼びかけていたような場合が想定される。典型的な事例として、アイコラ画像の投稿を呼びかける電子掲示板について、掲示板管理者と投稿者との間に名誉毀損罪の共同正犯の成立が認められた[3]。東京地裁は、「自らの利益のために、未成年者には見せられないようなアイコラ画像の投稿を容認・慫慂していたものであり、しかも、被告人による本件掲示板の管理行為が本件各犯行の不可欠の前提をなすものであったことからすれば、被告人に正犯意思があったことは明らかである。そして、本件アイコラ画像を投稿した者において、本件掲示板を開設・管理する者がアイコラ画像の投稿を呼びかけていることを認識しつつ、これに呼応して本件各犯行を敢行したものであったことからすると、そこに共同正犯成立の前提となる意思の連絡ないしは相互利用補充関係を肯定することも可能である」とした。

　このように、刑事責任については、プロバイダ等の積極的関与があった場合に限ってそれを認めるのが基本的な考え方である。また、犯罪行為を直接行うのは投稿者等であってプロバイダ等ではないから、刑事責任が成立する場合であっても、プロバイダ等に単独正犯が成立することはなく、共同正犯あるいは幇助の責任が問われることになる。

参考文献
曽我部 真裕ほか『情報法概論』(弘文堂、2015年) 第5章
堀部政男 (監修)『プロバイダ責任制限法　実務と理論 (別冊NBL141号)』(商事法務、2012年)．
丸橋透「プロバイダの地位と責任」岡村久道 (編)『インターネットの法律問題　理論と実務』(新日本法規、2013年)．

3　東京地判2006年4月21日判例集未登載．

第7章

インターネットでのコンテンツ利用の注意

本章のあらまし

　本章では、インターネット上でのコンテンツ利用に際して考慮すべき点について学ぶ。まず、インターネット上の情報の多くが著作物であることから、情報発信および受信の双方において、著作権（および著作隣接権）が関係することを理解し、また、写真等について被写体の権利が関係することから、肖像権、パブリシティ権等について学ぶ。

本章の学習目標

- 情報の受発信段階において、著作権にどう配慮すべきかを説明できる。
- 情報の媒介者として、著作権に関し、どう配慮すべきかを説明できる。
- 写真等に関する被写体の権利について説明できる。
- 権利侵害の場合の効果について説明できる。

7.1. インターネット上のコンテンツ利用

インターネット上で流通するコンテンツには、文章、動画・静止画、音楽など様々な種類のものがあるが、これらのコンテンツはそのほとんどが著作物であるというのが実情であろう。また、動画・静止画の場合、コンテンツそのものの著作権と共に、そこに撮影されている被写体の権利も考慮しておく必要がある。

7.2. 著作権とは

7.2.1. 著作権法

著作権法は、著作物の創作者および、著作物の実演や放送など著作物の伝達者に対し、一定の独占権を付与することで、著作物等の創作へのインセンティブを創設すると共に、これらの創作物の公正利用に配慮することで、文化を発展させることを目的とする (著1条参照)。

特に、インターネット上では著作物は情報として流通することが多い。本来、このような情報の利用は自由であるべきところではあるが、創作行為の結果を他人が自由に利用できるとすると、そのような創作行為へのインセンティブが失われる可能性がある。そのため、著作権法は、創作活動の成果の利用につき、創作者に独占権を与えるというインセンティブを与えることで、創作活動を奨励し、文化の発展を図ろうとしているのである。

したがって、インターネット上に流通する情報のうち、著作物 (および一定の著作隣接権の対象となる情報) は、著作権法による保護を受けることになる。ただし、著作物は、人に利用されてこそ意味があり、誰にも利用されないまま死蔵されていては文化の発展に寄与しない。また、現在、ほとんどの「情報」が著作権法の適用対象とされる現状においては、著作権者による独占権の対象とす

ることがなじまない場合も存在する。そこで著作権法は、一定の利用方法については著作権の保護対象とならないことを規定している。

インターネット上における著作物の利用については、単に「勝手に使ってはいけない」というだけではなく、このような利用とのバランスについても十分に理解する必要がある。

7.2.2. 保護の対象となる情報

著作権法で保護の対象としているのは、著作物および実演・レコード、放送等である。

著作物とは、「思想又は感情を創作的に表現したものであって、文芸、学術、美術又は音楽の範囲に属するものをいう」と定義され（著2条1項1号）、例示として、小説、音楽、映画、写真などが挙げられている（同10条1項各号）。

現在の著作権法の解釈の下では、人の独自の精神的活動の結果生み出された表現であれば、ほとんどが著作物として保護され、「思想又は感情」かどうかが問題とされることはほとんどなく、また、「文芸、学術、美術又は音楽の範囲に属するもの」についても、この点が問題とされることはほとんどない。「創作的に」という部分も創作者の個性が表れていればよく、高度の芸術性が要求されているわけではない。

著作物として保護されるかどうかは、具体的な表現かどうかが重要であり、表現に至らない、アイデア、コンセプトなどは保護されない。具体例をあげると新しいゲームのルールについて、ルール自体は、アイデアの範疇に属するものであり、著作権法では保護されない。しかしながら、ルールを記述した文章は「表現」として保護される。つまり、同じルールを他の文章表現で記述した場合は著作権侵害とはならないということである。よく、小説などで「盗作」と話題になる場合があるが、プロットや設定だけが類似しており、文章表現が全く異なる場合、倫理上の問題はともかくとして著作権法上の問題とはならないということに留意する必要がある。

著作権で保護される対象は、原則、日本国民が創作したか、日本で最初に発行された著作物であるが、国外の著作物についても、ベルヌ条約等により日本において保護の対象となる（著6条）。

著作物のほかに保護される情報としては、実演、レコード[1]、放送がある。これらは著作隣接権の保護の対象となる。著作物は、これを伝達する者がいなければその享受ができないものであることから、著作権法は、このような伝達者にも一定の保護を与えている。ただし、伝達される内容が著作物であることは保護のための要件とされていない。

　著作隣接権の対象となる「実演」とは、「著作物を、演劇的に演じ、舞い、演奏し、歌い、口演し、朗詠し、又はその他の方法により演ずること（これらに類する行為で、著作物を演じないが芸能的な性質を有するものを含む）をいう」と定義されており（著2条1項3号）、いわゆる俳優、歌手、演出家などが実演家にあたる（同項4号参照）。

　また、「レコード」とは、「蓄音機用音盤、録音テープその他の物に音を固定したもの（音を専ら影像とともに再生することを目的とするものを除く。）をいう」とされており（同項5号）、著作物か否かを問わず、音を固定したものは「レコード」として保護の対象となる。自然音などは著作物ではないが、その録音は「レコード」となり、これを最初に固定した者は、「レコード製作者」として著作隣接権を保有する（同項6号参照）。

　「放送」とは、公衆によって同一の内容が同時に受信されることを目的として行う無線通信の送信であり（同項8号）、これが有線の場合有線放送となる。いずれも著作隣接権の保護対象である。「同一の内容が同時に受信される」ことが必要であるから、インターネットでの情報発信のように、受信者に同時に同一の内容が受信されることを目的としていない場合は、これに当たらない。放送、有線放送も、保護を受けるためには伝達対象が著作物である必要はない。動画共有サイトでテレビ番組の録画が投稿された場合、テレビ局は当該番組に著作権を有していなくても、著作隣接権者として同投稿の削除を求めることができる。

　著作権や著作隣接権は、一つの情報の上に重複して存在することがあり得る。例えば、市販のCDの音楽を無許諾でインターネット上にアップロードした場合、このような行為は、音楽の著作物の著作権者、当該音楽を演奏した歌手等の実演家、このような実演をレコードとして固定したレコード製作者の権利をそれぞれ侵害することになる。

　実演、レコード、放送についても、基本は、日本国民がこれらを行っているか、

---

[1] 米国連邦著作権法では、レコードは著作権の対象として保護されている。

日本で最初に行われたものが保護の対象となるが、ローマ条約、WIPO実演・レコード条約で保護されるものは、外国のものであっても、日本国内で保護される。

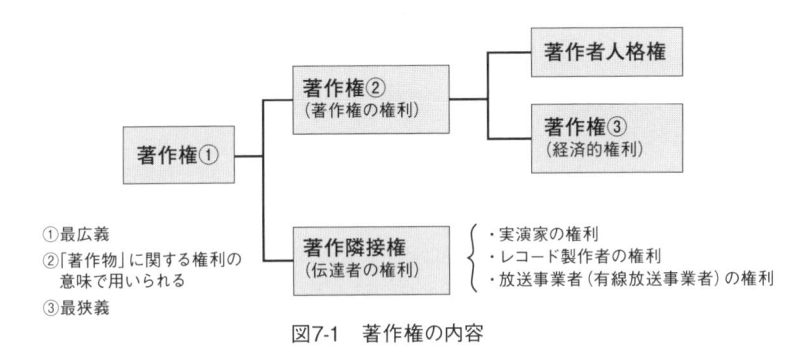

図7-1　著作権の内容

7.2.3. 著作権の内容

①著作権法が定める権利

上記で説明したとおり、著作権法で保護される権利には、著作権と著作隣接権がある。いわゆる著作権と言われるものには、著作者の人格的利益を保護し、譲渡ができない著作者人格権と、財産的利益を保護し、譲渡が可能な財産権としての著作権が存在する（図7-1参照）。

著作権の内容は、基本的には各国の法律で定められるが、著作権に関する基本的条約であるベルヌ条約の加盟国では、著作権・著作者人格権は、著作物の創作によって発生し、商標権や特許権等と異なり登録等の形式を要しないこととされている（著17条2項）。存続期間も、基本的には各国の法律によるが、ベルヌ条約では、原則として著作者の死去から最低50年間が保護期間とされており（ベルヌ条約7条(1)）、日本においても原則として、著作者の死後50年間が保護期間である（著51条)[2]。なお、著作者人格権については、日本の著作権法は保護期間を限定していないが、権利行使ができる場合を一定の期間に制限している（著106条）。

財産権としての著作権は譲渡が可能である。財産権としての著作権は、支分

2　TPPにより、著作権の存続期間が伸びることが予定されている。

権と呼ばれる各個別の権利の束となっており、譲渡の際には、各個別の支分権を別々に譲渡することも可能である。支分権には、著作物の利用形態に着目して、「他者に勝手に著作物の有形的な再製をさせない権利」という「複製権」、無形的な再製をさせない「上演権・演奏権」、公衆に対して送信させない公衆送信権（放送やインターネット上の配信である自動公衆送信に対する権利は、この中に含まれる）などが存在する（著21条～28条）。

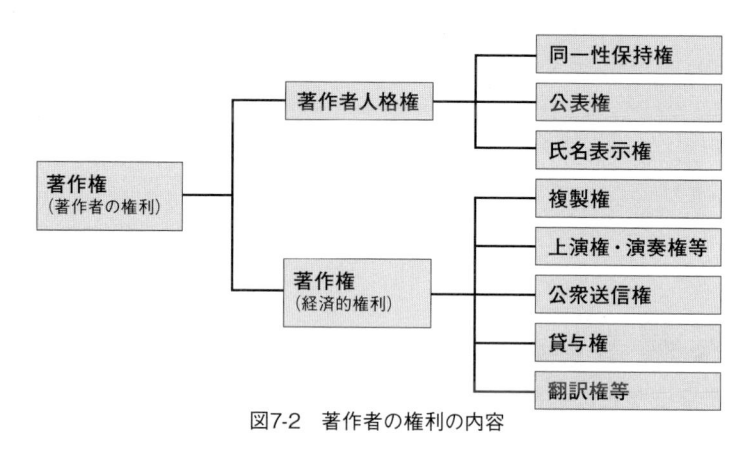

図7-2　著作者の権利の内容

②インターネットに関係する支分権（公衆送信権）

　インターネット配信に関係する支分権として公衆送信権（著23条）がある。公衆送信とは、公衆によって直接受信されることを目的として無線通信または有線電気通信の送信を行うこととされており（著2条1項第7号の2）[3]、放送・有線放送と自動公衆送信が含まれる。放送とは、公衆によって同一の内容の送信が同時に受信されることを目的とするものとされている（同項8号）。いわゆるインターネット配信は、「公衆からの求めに応じ自動的に行う」ものとして自動公衆送信に該当することになる（同項第9号の4）。なお、インターネット配信のためにサーバーにデータを蓄積する場合、そのような蓄積行為は複製行為に該当する。また、このようなデータを蓄積したサーバーをインターネット回線に繋げることによりいつでも送信を可能とする状態にすることを送信可能化という（同項第9号の5）。著作権法23条の公衆送信には送信可能化が含まれることが規

3　通信設備が同一の構内にある場合は、上演権、演奏権等で把握すればよいとの考え方から、同一構内の場合は除かれている。

定されているから、誰もアクセスせず実際には送信行為が行われなかったとしても、著作物を権利者の許諾なくしてネット上にアップロードまたはネットに接続した段階で、後述の権利制限条項が適用されない限り公衆送信権を侵害することとなる。

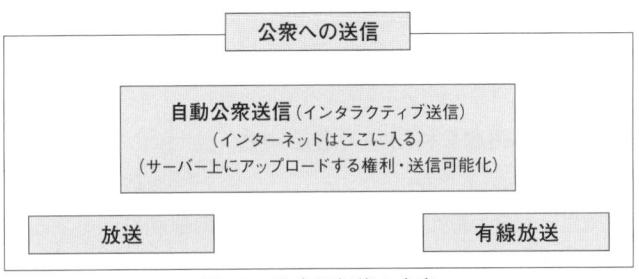

```
┌─────────────────────────────────────────────┐
│              公衆への送信                    │
│  ┌───────────────────────────────────────┐  │
│  │  自動公衆送信（インタラクティブ送信）  │  │
│  │    （インターネットはここに入る）      │  │
│  │  （サーバー上にアップロードする権利・送信可能化）│  │
│  └───────────────────────────────────────┘  │
│   ┌──────────┐              ┌──────────┐    │
│   │   放送   │              │  有線放送 │    │
│   └──────────┘              └──────────┘    │
└─────────────────────────────────────────────┘
```

図7-3　公衆送信権の内容

③権利が侵害された場合の効果

　著作者人格権は、著作者の人格的利益を保護するために人格的利益を害するような形態での著作物の利用を排除することを内容とするものである。また、経済的権利である著作権・著作隣接権は、権利者による独占的利用を内容とするものである。したがって、このような権利を侵害された場合、侵害者に対してそのような行為を行わないよう求めることができる。権利者は、その権利が侵害され、または侵害される虞がある場合、行為者に対し、そのような行為を行わないよう求めることができるが、このような請求を差止請求という（著112条）。差止にあたっては、侵害者の主観的要件は問題とされず、客観的に著作権侵害の状態またはその虞が生じていればよい。つまり、行為者が著作権等の侵害につき無過失であっても差止が認められる。また、差止請求は、現在または将来の著作権侵害を防ぐための手段であるが、既になされた著作権侵害に対しては不法行為（民709条）に基づく損害賠償請求が可能である。これは、過去に行われた著作権等の侵害行為につき、これにより権利者が被った損害について、金銭による賠償を求めることができる権利である。不法行為による損害賠償は、行為者による故意または過失が必要とされているため、損害賠償を請求するためには、侵害者に故意または過失が存在したことを主張・立証しなければならない。また、損害賠償請求の場合、原則は、損害額を請求者が立証しな

ければならないが、著作権法の場合、損害額の推定規定が置かれており、請求者の立証が容易となっている（著114条）。

　上記はいずれも民事上の効果であるが、著作権法には刑事罰も規定されており、著作権・著作隣接権を侵害した場合は、10年以下の懲役及び／又は1000万円以下の罰金（著119条1項）、著作者人格権を侵害した場合は、5年以下の懲役及び／又は500万円以下の罰金が、それぞれ刑罰として規定されている（同条2項）。

④著作権者等の許諾なく利用ができる場合
■各種の制限規定

　すでに述べたとおり、著作権法とは、著作者等の権利を保護すると同時に著作物の適正な利用による文化の発展を目的とするものである。全ての著作物の利用に対し、権利者の許諾が必要とされた場合、著作物の利用が阻害される場合も存在するため、著作権法は、著作権者等の権利行使の対象とならない著作物の利用方法を定めている（著30条～49条。これらの条項を著作権の行使が制限されるという意味で「権利制限条項」ということがある）。これらの権利制限条項は著作隣接権についても準用されている（著102条）。

　著作権については、権利行使が及ぶ場面と共にこのように著作権の権利行使が及ばない場面の双方を理解する必要がある。著作権を学ぶ際は、どうしても"使ってはいけない"という面に注意が払われがちである。特に、日本の場合、いわゆる米国型のフェアユース（Fair Use）のような包括的・一般的な権利制限条項が存在せず、権利制限条項が特定の場面にのみ限定して適用される個別具体的規定になっているため、著作権法を真面目に学ぶほど、著作物の利用が萎縮しがちな傾向にある。著作権を学ぶ際には、許諾なく利用できる場合についても正確に理解しておかないと、著作物の公正な利用を阻害することになり、結果として、著作権の真の目的である文化の発展が期待できないことになる点に注意すべきであろう。

　著作権法における権利制限条項は様々な観点から設けられているが、例えば、以下のような視点で分類すると分かりやすい[4]。なお、権利制限条項は、その適用対象がピンポイント的で非常に細かいことから、下記には全ての権利制

4　高林龍『標準　著作権法』（第2版）2013年、有斐閣、p.155.

限条項は列記せず、主なものを記載しておくに留める。
(1) 著作物の利用の性質による制限
　　私的使用目的の複製（著30条1項）
　　付随対象著作物の利用（著30条の2）
　　視覚障害者等のための複製（著36条）など
(2) 公共上の理由あるいは非営利利用行為であることによる制限
　　図書館等における複製（著31条）
　　教科用図書等への掲載（著33条）
　　営利を目的としない上映等（著38条）など
(3) 他の権利との調整あるいは著作物の利用促進のための制限
　　引用（著32条）
　　時事の事件の報道のための利用（著41条）
　　公開の美術の著作物等の利用（著46条）など

■私的使用目的の複製

　上記のうち、最も身近な規定は私的複製（著30条1項）であろう。著作物のコピーは、著作物の複製行為として、本来著作権者の許諾なく行うことが禁じられている（著21条）。しかし、個人的にまたは家庭内その他これに準ずる限られた範囲内において使用することを目的とするときには、例外として、著作権者の許諾がなくても複製を行うことが認められるのである。テレビ番組の録画、自分の購入したCDを自分用にダビングすることなどは同規定によって著作権侵害とされない。普段、このような形態による著作物の使用を意識せずに行っているため、著作物をインターネット上にアップロードすることについても、著作権を意識せず、許諾なく行ってしまう場合がある。しかし、このような利用は、そもそも同条が適用されない自動公衆送信行為であるし、また、誰でも見られることから私的使用目的でもなく、許諾なく行えば、原則として著作権侵害となる。
　また、私的使用目的の複製であっても著作権者の許諾なく行うことが違法となる例外的場合がある。特に、インターネットでの利用上知っておくべきなのは、違法にインターネット配信されているデジタル方式の録音・録画を、それと知りながら複製する場合は、著作権侵害となる点である。対象が動画・音楽ファイルなどの録音・録画に限られているとはいえ、インターネット上には、著作権者の許諾のない録音・録画がアップロードされている場合がある。これらのファイル

を、これらが違法に配信されていることを知りながらダウンロードすると、私的利用目的であっても著作権侵害となる。また、対象が有償著作物等（録音・録画が有償で公衆に提供されている著作物や実演を意味する）に限定されているとはいえ、これらが違法であることを知っていてダウンロードすると、2年以下の懲役及び／又は200万円以下の罰金という刑事罰の対象となる（著119条3項）。

■引用

　著作物の利用に関する重要な権利制限条項として、引用（著32条）についても記載しておく。著作権法32条は、公表された著作物を、公正な慣行に合致し、かつ、報道、批評、研究その他の引用の目的上正当な範囲内で行われる場合には、著作物を許諾なく利用することができる旨を規定している。この「引用」は、適用される利用形態が限定されておらず、複製、上演、放送、自動公衆送信などあらゆる利用形態に適用される（ただし、著作物を変更する場合、翻案、変形はできず、翻訳のみが認められる（著43条2号））。なお、引用する場合には、その出所を明示しなければならないものとされている（著48条）。

　公表された著作物について、例えば批評の際にその対象を明示することが批評者の見解を述べるために重要である一方、批判する場合には著作権者の許諾はあまり期待できない。つまり、著作権法上の引用は、引用を行う側の学問の自由・表現の自由と、被引用者側の著作権とを調整するものとして規定されているのである[5]。

　著作権法の引用に関する条文は上記のとおりであるが、裁判例には、適法な引用が認められる要件として、条文には存在しない以下のようなものをあげているものがある。
(1) 明瞭区分性（引用された著作物と他の部分が明瞭に区分されること）
(2) 主従性（引用するものと引用されるものとの間に主従の関係があること）

　「引用」に関しては出典元だけ記載すれば適法な「引用」として許されるなどの誤解がされている場合が多いことなどもあり、インターネットの著作物の利用に関しては「引用」の要件が満たされていない場合も多い。上記の明瞭区分性や主従性などの要件は、著作権法の条文には記載がないものであり、これらの要件を要求することが適切かについては疑問もあるとはいえ[6]、単なる転載・複

5　中山信弘『著作権法』（第2版）2014年、有斐閣、p.320.
6　上掲書、p.323.

製に過ぎないような場合は適切な「引用」ではなく著作権侵害となるため注意が必要である。

■「写り込み」等に係る規定

　写真や動画を撮影する場合、バックに、他人が著作権を有するキャラクターや音楽等が入り込んでしまうことがある。これは、著作権法の定義上は「複製」に当たるし、これをネット上にアップロードすれば、「自動公衆送信」に該当することになる。このような場合、日本の著作権法上は形式的には著作権侵害となるのではないか、という議論が存在していた。

　この点に関し、2012年の著作権法改正において、写真・動画の撮影等の場合に、撮影等の対象とする事物等から分離することが困難であるため付随して対象となる事物等に係る他の著作物に関して、著作権者の利益を不当に害さない限り、撮影した写真等に付随して利用する場合には侵害行為とならないことが明確にされた（著30条の2）。

　なお、このような行為は、もともと、著作物の本質を感得できないのではないか、あるいは、著作物としての利用といえないのではないか、という観点から、明文の権利制限規定がなくても著作権侵害行為とならないのではないか、との解釈もされていたところであり、明文の規定がなければ違法との解釈が一般的だったわけではない。

　著作権が、業務等とは関係ない、私的領域の行為に関しても行使され得る権利であることに鑑みれば、著作権の過度な行使は、表現その他の行為の萎縮効果を招く。本規定は、そのような観点から設けられたものと言える。

7.2.4. 情報の媒介者として注意すべき点

①情報の媒介者

　インターネット上で著作物が流通する場合、事業者が自ら情報発信をしている場合もあるが、事業者が発信行為には直接関与しておらず、事業者は、ユーザーが発信した情報の流通を媒介しているにすぎない場合も多い。例えば、ブログや掲示板などでは、当該情報の直接の発信者はユーザーであり、サーバーには、ユーザーがアップロードとした情報が蓄積されているのみという場合がよくある。

このように蓄積された情報が著作権侵害のコンテンツであった場合、サーバー管理者は、その著作権侵害に関して何らかの責任を負うべきか、という点が問題となる[7]。

② **サーバー管理者が著作権侵害の責任を問われる場合**
　著作権に関する過去の裁判例において、自らが物理的な侵害行為を行っていない場合であっても、他者の行った行為につき、自らが行為の主体として責任を問われた事例がある。これが一般に「カラオケ法理」と言われてきたものであるが、この「カラオケ法理」の元となった事案は、カラオケスナックにおいて客が歌唱行為を行ったことにつき、カラオケスナック経営者が当該行為の主体として著作権侵害の責任を問われたものである[8]。インターネット上での類似の事例としては以下のようなものがある。
　インターネット上の掲示板にユーザーが書籍の内容をアップロードしたことに対し、権利者がその削除を求めたにもかかわらず、掲示板管理者がこれに応じなかった事案において、掲示板管理者が著作権侵害の責任を問われた例[9]がある。この事案で、裁判所は、「インターネット上においてだれもが匿名で書き込みが可能な掲示板を開設し運営する者は、著作権侵害となるような書き込みをしないよう、適切な注意事項を・・・案内するなどの事前の対策を講じるだけでなく、著作権侵害となる書き込みがあった際には、これに対し適切な是正措置を速やかに取る態勢で臨むべき義務がある」として、掲示板管理者が何ら削除措置を執らなかったことにつき、著作権侵害の責任を認めている。
　また、動画投稿・共有サイト上で、JASRAC[10]が管理する音楽著作物を含む動画ファイルがユーザーによって投稿され、同動画投稿・共有サイト上で公衆送信されていた事案[11]について、裁判所は、サーバー管理者が「本件サービスを提供し、それにより経済的利益を得るために、その支配管理する本件サイトにおいて、ユーザの複製行為を誘引し、実際に本件サーバに・・・(著作権)を侵害する動画が多数投稿されることを認識しながら、侵害防止措置を講じることな

7　第6章も参照されたい。
8　クラブキャッツアイ事件（最判昭63・3・15民集42巻3号199頁）
9　罪に濡れたふたり事件（東京高判平17・3・3判時1993号126頁）
10　一般社団法人日本音楽著作権協会
11　TVブレイク事件（知財高判平22・9・8判時2115号103頁）

くこれを容認し、蔵置する行為は、ユーザーによる複製行為を利用して、自ら複製行為を行ったと評価」しうるとして、著作権侵害の責任を認めている。この事案においては、結局、サービス事業者が著作権侵害の主体と判断されたために、プロバイダ責任制限法においても、免責の例外たる「発信者」[12]に該当するとして同法による免責も認められなかった。

　また、インターネット通信機能を有するハードディスクレコーダを事業者が製造、販売、貸与し、同レコーダに遠隔地からインターネットを介してユーザーが録画指示をしたテレビ番組を、同ユーザーがインターネット経由で遠隔地から視聴できるようになっていたという事案[13]において、最高裁判所は、「複製の主体の判断に当たっては、複製の対象、方法、複製への関与の内容、程度等の諸要素を考慮して、誰が当該著作物の複製をしているといえるかを判断す」べきとした上、サービス事業者が「放送番組等の複製の実現における枢要な行為をして」いるとして、複製の主体と判断している。

　このような裁判例を前提とすれば、結局、サービス全体を考慮して、サーバー管理者が著作権侵害の主体と判断されるか否かが実質的に判断されることになる。とはいえ、過去、管理者が著作権侵害を問われた事例は、対象のコンテンツが音楽、テレビ番組等、他人の著作物を利用することが当然予想されていたか、削除要求等があってもきちんと対応していない場合である。したがって、他人が著作権を有するような著作物の利用を前提とするサービスでない限り、権利者からの要求に対して誠実な対応をしていれば、侵害行為の責任を問われる可能性はないと思われる[14]。

12　プロバイダ責任制限法3条1項但書参照。
13　ロクラクⅡ事例（最判平23・1・20民集65巻1号399頁）。
14　著作権ではなく、商標権侵害の事案ではあるが、ネット上のショッピングモールの店舗が商標権侵害となる商標を使用していた事案で、裁判所が「ウェブページの運営者が、単に出店者によるウェブページの開設のための環境等を整備するにとどまらず、運営システムの提供・出店者からの出店申込みの拒否・出品者へのサービスの一時停止や出店停止等の管理・支配を行い、出店者からの基本出店料やシステム利用料の受領等の利益を受けている者であって、その者が出店者による商標権侵害があることを知ったとき又は知ることができたと認めるに足りる相当の理由があるに至ったときは、その後の合理的期間内に侵害内容のウェブページからの削除がなされない限り、上記期間経過後から商標権者はウェブページの運営者に対し、商標権侵害」を問いうるとはしたものの、合理的期間内に削除がされているとして、モール運営者が責任を負わないとした裁判例がある（チュッパチャプス事件（知財高判平24・2・14判タ1404号217頁））。この裁判例にしたがっても、合理的期間内に適切な対応をすることで、サーバー管理者が責任を問われるリスクはかなり軽減されると言える。

7.3. 肖像権に関する注意点

7.3.1. 肖像権とは

　写真等をネット上にアップロードする場合、当該写真の著作権に留意することが必要であるが、仮に、当該写真を自らが撮影した場合（つまり、自らが著作者・著作権者である場合）であっても、被写体に関しては、別の権利が存在する点に注意しなければならない。重要な例が肖像権であり、被写体として人物が写っている場合には当該被写体たる人物の肖像権に注意する必要がある。肖像権とは、基本的に、自己の容貌等をその意に反して撮影され、撮影された写真等を公表されない権利[15]と理解され、法律に記載があるわけではないが、過去の判例によって守られるべき権利として認められている。これは、人の人格そのものに基づく権利であるから、当事者が著名人であるか、一般私人であるかを問わず認められるものである。

　その一方で、報道写真などについても肖像権の侵害が認められるとすると、表現の自由や知る権利などが制限されることになる。その両者のバランスを図るため、最高裁は被撮影者の社会的地位、撮影された被撮影者の活動内容、撮影の場所、撮影の目的、撮影の態様、撮影の必要性等を総合考慮して、被撮影者の上記人格的利益の侵害が社会生活上受忍すべき限度を超える場合に不法行為が成立すると判示している[16]。例えば、撮影された場所が私的な屋内か、公の場所か、また、撮影対象としてフォーカスされているか、単に背景として写り込んでしまったのか、などの要素により、被写体たる人物の肖像権として保護される度合いが変わってくることになるが、そのような写真により被写体の権利が侵害される程度を、このような写真の撮影・公表によって実現される利益とを比較衡量して不法行為が成立するか否かが判断される。

　ネット上にアップロードされた写真について、被写体たる人物から権利が侵害された旨の申立があった場合、サーバーの管理者としては、上記のような、被写

15　法廷内撮影事件（最判平17・11・10民集59巻9号2428頁）等
16　前注　最判平17・11・10

体たる人物が侵害される利益の程度と、公表によって得られる利益とを比較することになる[17]。

上記のような考え方がされているとはいえ、人物が写った写真をネット上にアップすることについては、被写体たる人物の権利があるのであるから、原則的には、被写体たる人物から撮影およびアップロードに対する許諾が必要と考えておくべきであろう。

7.3.2. パブリシティ権

著名人の肖像等については、上記肖像権の他にパブリシティ権が主張されることがある。パブリシティ権とは、人格権に由来する権利ではあるものの、その経済的側面に着目した権利と考えられている。ピンクレディという著名歌手の写真が雑誌で利用された事案において、裁判所は「パブリシティ権」につき、「個人は、人格権に由来するものとして、これをみだりに利用される権利を有している」ところ、「肖像等は、商品の販売等を促進する顧客誘引力を有する場合があり、このような顧客誘引力を排他的に利用する権利は、肖像等それ自体の商業的価値に基づくものである」と判示している[18]。著名人の場合、肖像等が公表されることに対する保護の必要性は、一般私人に比べ低いと言えるが、その一方で、一般私人と違って、顧客誘引力という形で経済的価値についての保護の必要性が存在する。

なお、パブリシティ権であっても、当該写真を利用することに対し、表現の自由や知る権利などが対立する可能性があるため、やはり、その両者の調整が必要である。

このような調整の観点から、前記のピンクレディの事件において、裁判所は、パブリシティ権が侵害される場合として、①肖像等それ自体を独立して鑑賞の対象となる商品等として使用する場合、②商品等の差別化を図る目的で肖像等を商品等に付す場合、③肖像等を商品等の広告として使用するなど、もっぱら肖像等の有する顧客誘引力の利用を目的とすると言える場合を挙げている。

上記例は、限定列挙ではなく、肖像等の顧客誘引力を利用した典型的例を挙げたものとして解されるべきであろう。例えば、一般人のブログ等であっても、

---

17 第6章も参照されたい。
18 ピンクレディ事件（最判平24・2・2民集66巻2号89頁）

アクセス数を稼ぐ目的で著名人の写真をことさらにアップロードしているような場合は、同人の有する顧客誘引力を利用していると判断される可能性が高いものと思われる。

7.3.3. 肖像権・パブリシティ権侵害の効果

　肖像権、パブリシティ権が侵害された場合、権利を侵害された者は、アップロードした者に対し、民事的な救済として、写真の掲載の差止めおよび損害賠償の請求が可能である。ただし、著作権と異なり、刑事罰はない。

　ユーザーが行った肖像権・パブリシティ権侵害に関し、サーバー管理者等が責任を問われる可能性についてであるが、いわゆる「カラオケ法理」は著作権において発展してきた考え方であったため、この考え方が、他の権利においてもそのまま妥当するというわけではない。

　名誉毀損に関し、適切な削除等を行わなかった掲示板管理者が責任を問われた事案は過去に複数存在しており[19]、肖像権やプライバシー権の侵害についてもサーバー管理者が責任を問われる可能性がある。とはいえ、過去に掲示板管理者に責任が認められた事案は、「2ちゃんねる」など権利者からの請求に適切に対応していなかったものである。したがって、サーバー管理者としては、このような権利侵害の申立には適切に対応すれば自らが責任を問われる可能性は低いと考えてよいものと思われる。

7.4. コンテンツに関する権利者からの申立

　上記のとおり、コンテンツに関わる権利として、著作権、肖像権、パブリシティ権を概観した。これらの権利者からサーバー管理者に対する申立があった場合については、第6章のプロバイダ責任制限法の部分を参照されたい。

---

[19] 動物病院事件（東高判平14・12・25判時1816号52頁）等

第8章

インターネット上の個人情報保護

本章のあらまし

　本章では、個人情報保護制度について、それが必要となった社会状況や、それを支える理念・歴史を説明した上で、現行の個人情報保護法の概要を学ぶ。それを前提として、インターネット上の個人情報保護について問題の一端を見る。最後に、民間における自主的な取組みの代表例として、プライバシーマーク制度について説明する。

本章の学習目標
- 個人情報保護制度について、それが必要となった社会状況や、それを支える理念・歴史の概要を説明できる。
- 個人情報保護法の基本的な仕組みについて説明できる。
- インターネット上の個人情報保護が問題となる事例と考え方の基本について説明できる。
- プライバシーマークとは何かを説明できる。

8.1. 個人情報保護制度の基礎

8.1.1. 個人情報保護制度とは

　個人情報保護制度は、個人に関する情報を取り扱う国および地方の機関や民間事業者に対し、その取扱いに関して一定の規律を行うことによって、個人情報の保護を図ろうとする制度である。

　個人情報保護制度が登場したのは1970年代である。この時期、欧米では個人情報保護法を制定する国が現れ、日本でも地方自治体が条例によって個人情報保護条例を設ける例が見られ始めた。

　この時期に個人情報保護制度の整備が行われるようになった背景には、情報化社会の進展、具体的にはコンピュータによる情報処理の普及がある。個人情報のデータベースが構築されコンピュータで処理されるようになると、個人情報の利用が飛躍的に容易になる。

　また、コンピュータによる個人情報の管理がなされ、さらにネットワーク化が進むと、大量の個人情報を容易に持ち出すことができることになり、個人情報の漏えいといったリスクも飛躍的に増大してくる。

　こうした背景のもと、個人情報のコンピュータによる管理の有用性を認めつつ、取扱いについて一定の規律を設定することが要請されるようになったのである。現行法については次節で解説を行うが、個人情報の取扱いに関する規律の基本原則を示したものとして1980年のいわゆるOECD8原則が重要である（内容については表8-1参照）。これは、各国の立法が採用すべき基本原則のガイドラインを勧告するものであり、日本を含む各国の立法に大きな影響を及ぼしたものである。

　また、このような状況変化に対応して、プライバシー権に関して新しい理解が登場した。それが、自己情報コントロール権としてのプライバシーである。

収集制限の原則	個人データの収集には制限が課されるべきであり、あらゆる個人データは、適法かつ公正な手段によって、かつ、適当な場合においては、データ主体に知らしめ、またはその同意を得て取得されるべきである。
データ内容の原則	個人データは、その利用目的に適合したものであるべきであり、かつ、利用目的に必要な範囲において、正確、完全で最新な状態に保たれなければならない。
目的明確化の原則	個人データの収集目的は、収集時点よりも遅くない時点において明確にされる必要があり、それ以後のデータの利用は、当該収集目的の達成または当該収集目的に矛盾しない範囲内において目的の変更ごとに明確化された他の目的の達成に限定されなければならない。
利用制限の原則	個人データは、目的明確化の原則により明確化された目的以外の目的のために開示、利用、その他の使用に供されてはならない。
安全保護の原則	個人データは、紛失、不正アクセス、破壊使用、改ざん、漏えい等の危険に対し、合理的なセキュリティの措置によって保護されなければならない。
公開の原則	個人データに関する開発、運用および方針については、一般的な公開政策がとられなければならない。
個人参加の原則	個人は、データ管理者が自己に関するデータを保有しているか否かにつき、データ管理者からまたはその他の方法で確認を得ること、自己に関するデータを合理的期間内に、有料であるとしても過度にならない費用で、合理的な方法で、かつ、自分にとって容易に理解しうる方法で知らされること、そして以上の請求が拒否されたときは理由を提示され、拒否処分を争うことができること、自己に関するデータに対して不服申立てをし、不服が認められた場合には、当該データを消去、訂正、補完補正させることについて権利を有する。
責任の原則	データ管理者は、以上の第1から第7までの諸原則を実施するための措置を遵守することに責任を有する。

表8-1　個人情報の取扱いに関するOECD8原則
出典：外務省「プライバシー保護と個人データの国際流通についてのガイドラインに関するOECD理事会勧告」（http://www.mofa.go.jp/mofaj/gaiko/oecd/privacy.html）（access:2015年7月17日）を元に筆者作成

8.1.2. 自己情報コントロール権

　個人情報保護制度は、自己情報コントロール権としてのプライバシー権を具体化するものであると言われたり、あるいは、そこまでではなくても、自己情報コントロール権と密接に関係すると言われたりする。

　ここで、自己情報コントロール権とはどのようなものだろうか。それは、個人情報の収集・取得、保有・利用、開示、提供のすべてについて、いつ、どのように、どの程度まで、他者に委ねるのかを自ら決定する権利をいう。すなわち、本人の

同意なくして個人情報が他者に伝達されることを防止し、個人情報が本人の手から離れた後も、本人がその扱われ方を統制することの保障を内容とする権利である。

プライバシー権の概念は19世紀末のアメリカで提唱されたが、そこでのプライバシー権の内容は、私的な領域に侵入されないことや、私的なことがらを一般に公開されないということであり、また、このプライバシー権は不法行為法上の権利であった（伝統的プライバシー権）。しかし、先に述べたような情報化社会における個人情報のコンピュータ管理による脅威は、私的な領域への侵入や私的なことがらの公開といったものだけではない。むしろ、すでに第三者（国の機関や民間事業者）が保有している個人情報の取扱いをどのように規律するかが重要な課題となり、自己情報コントロール権が唱えられるようになったのであった。

8.2. 個人情報保護法の概要

8.2.1. 法整備の経緯と現行制度の体系

1970年代に先進諸国で法整備が進み、日本でも地方自治体の条例が制定され始めたことはすでに8.1.1で述べた。国レベルの法整備は遅れたが、1980年代に入ると、行政改革の文脈で個人情報保護法の制定が検討された。1988年、「行政機関の保有する電子計算機処理に係る個人情報の保護に関する法律」（旧行政機関個人情報保護法）が制定されたが、不備も多かった。

1990年代後半になると、民間部門も含めた個人情報保護制度の整備充実の必要性が社会に認識されるようになった。その背景には、1995年、EUで個人情報保護指令が制定されるなど、個人情報保護についての国際的な動きがあったことや、国内で個人情報の大量流出事件が相次いだこと等があるが、法整備の直接のきっかけは、1999年の住民基本台帳法改正による住基ネットの導入

である。紆余曲折はあったが、2003年には個人情報保護関連5法[1]が成立し、行政機関と民間部門をカバーする現在の個人情報保護法制の骨格が形成された。

その後、社会保障・税・災害対策分野における国民利便の向上および行政運営の効率化を図るために共通番号制度（マイナンバー制度）が導入されることとなり、2013年に「行政手続における特定の個人を識別するための番号の利用等に関する法律」（番号法）および関連法が成立し、2016年1月から順次、個人番号の利用が開始される予定である。

また、2015年にはビッグデータ利活用の要請が強まってきたことなどの状況を受けて、個人情報保護法の改正が行われた。

日本の個人情報保護法制は、個人情報保護関係5法および番号法と、各地方公共団体の個人情報保護条例とからなっており、複雑である。

また、個人情報保護を所管する第三者機関（プライバシーコミッショナー等と言われる）が強力な行政的監督を行うヨーロッパ諸国や、自主規制が中心ではあるがその違反については訴訟によって重い責任が問われるアメリカとは異なり、日本は法律の執行体制が不十分であることが指摘されてきた。2015年の個人情報保護法改正によって第三者機関が創設されることとなり、こうした状況に変化が見られるかどうか注目される。

8.2.2. 個人情報保護法の構造と基礎的な概念

①全体の構造

個人情報保護法は複合的な構造を持っている。すなわち、同法は、個人情報保護法制全体の基本法としての性格をもつ1章から3章と、民間部門での個人情報保護に関する一般法としての性格をもつ4章から6章からなる。

基本法部分は、目的規定、定義、基本理念、国・地方公共団体の責務やとるべき施策等について定めている。

他方、一般法部分では、民間事業者（「個人情報保護取扱事業者」）が遵守

---

[1] 個人情報の保護に関する法律（個人情報保護法）、行政機関の保有する個人情報の保護に関する法律（行政機関個人情報保護法）、独立行政法人等の保有する個人情報の保護に関する法律、情報公開・個人情報保護審査会設置法、行政機関の保有する個人情報の保護に関する法律等の施行に伴う関係法律の整備等に関する法律。

すべき具体的な規律がなされている（内容はおおむね前述のOECD8原則に対応）。

また、個人情報保護法を受けつつ、それぞれの事業分野により適合的な個人情報の取扱いについてより具体的に定めるガイドラインが各所管省庁から出されており、実務上重要である。インターネットとの関連では、総務省の「電気通信事業における個人情報保護に関するガイドライン」などが重要である。

なお、2015年改正法が完全施行されるのは改正法分布（2015年9月）の後2年以内の政令で定める日であり、個人情報保護委員会に関する規定を除き（これは2016年1月施行）本書刊行後もしばらくは現行法が適用されることになるが、その重要性を考慮し、適宜解説を加えている（「新○条」という条文の表記は、改正後の条文という意味である。）

②基礎的な概念

ここでは、個人情報保護法を理解するために必要な基礎的な概念について説明する。まず、個人に関する情報についての概念である。法では、次の3種の個人に関する情報が入れ子式に区別されており、それぞれ適用される規律が異なっている。

(1)「個人情報」

「個人情報」の定義について、2015年法改正前は、「生存する個人に関する情報であって、当該情報に含まれる氏名、生年月日その他の記述等により特定の個人を識別することができるもの（他の情報と容易に照合することができ、それにより特定の個人を識別することができることとなるものを含む。）」とされていた（2条1項）。

2015年法改正により、この類型に加え、生存する個人に関する情報であって個人識別符号が含まれるものが「個人情報」とされた。これは、個人情報をめぐる今日的状況に対応するためのものである。

(2)「個人データ」

次に、「個人データ」とは、「個人情報データベース等を構成する個人情報」である（2条4項）。したがって、個人情報であっても検索できるように体系的に構成されていないもの（散在情報）は、「個人データ」に含まれない。個人デー

タについては、データ内容の正確性確保、安全管理措置、従業者・委託先の監督、第三者提供の制限といった規律が適用される（本法19〜23条等）。

(3)「保有個人データ」
　最後に「保有個人データ」とは、「個人データ」のうち、当該個人情報取扱事業者が開示、内容の訂正等の関与権限が認められるものであり（法2条5項）、本人関与関係の規律が適用される（24〜30条等）。委託を受けて個人データを取り扱っているような場合には、こうした権限がないのが通常であり、その場合には「保有個人データ」に該当しない。

(4) 特定個人の識別と照合容易性
　「個人情報」に該当するためには、①個人に関する情報に含まれる氏名、生年月日その他の記述等により特定個人が識別できる場合と、②当該情報に含まれる記述等によっては特定個人の識別はできないが、他の情報と容易に照合することでき、それによって識別できる場合（照合容易性がある場合）、とがある。
　②について、どのような場合に照合が容易といえるのだろうか。この点については、それ自体では識別性を欠く情報につき、事業者において、特別な手間や費用をかけることなく、通常の業務における一般的な方法で、個人を識別する他の情報との照合が可能な状態が照合容易性がある場合であるとされる。他の事業者に通常の業務では行っていない特別な照会をし、当該他の事業者において、相当な調査をしてはじめて回答が可能になるような場合、内部組織間でもシステムの差異のため技術的に照合が困難な場合、照合のため特別のソフトを購入してインストールする必要がある場合には、照合容易性がないとされる。

(5) 要配慮情報
　2015年法改正によって「要配慮個人情報」の概念が新設された（新2条3項）。これは従来一般にセンシティブ情報などと言われてきたもので、個人情報のうち、人種、信条、社会的身分、病歴、犯罪歴、犯罪被害等である。これらは、不当な差別や偏見等不利益を生むおそれがあることから特に慎重な配慮が要求されるため、一般の個人情報とは区別して厳格な規律がなされる。

(6) 個人情報取扱事業者

本法4章の規律が適用されるのは、個人情報取扱事業者であり、これは、個人情報データベース等を事業の用に供している者のことである（2条3項）。事業とは営利事業に限定されないので、NPOのような非営利事業を行う者も個人情報取扱事業者となりうる。

なお、報道の自由、学問の自由、信教の自由、政治活動の自由といった憲法上保障された基本権の行使に密接に係る場合に、適用除外が認められている（50条1項）。

8.2.3. 個人情報取扱事業者の義務

前述のように、本法は、個人に関する情報を個人情報、個人データ、保有個人データに区分して、それぞれについて個人情報取扱事業者の義務を定めている。

①個人情報に関する義務（法15〜18条）

(1) 利用目的の特定

個人情報取扱事業者は、個人情報を取り扱うに当たっては、利用目的をできる限り特定しなければならない（15条1項）。利用目的の特定は、個人情報の取扱いに関する他の義務の基礎となるため、重要である。

(2) 利用目的の変更

2015年改正前においては、すでに特定した利用目的の変更は、変更前の利用目的と相当の関連性を有すると合理的に認められる範囲でのみ認められることになっており（15条2項）、変更には客観的な限界が存在する。その趣旨は、個人情報の有用性（法1条）発揮の観点からは変更を認める必要性がある一方で、個人の権利利益の保護からは自由な変更が認められるべきではないことから、両者の調和を図ることにある。

しかし、2015年法改正により、上記で傍点を付した"相当の"という文言が削除され、利用目的の変更の限界が緩和されたが、批判もあったところである。

(3) 利用目的による制限

個人情報取扱事業者は、特定された利用目的の達成に必要な範囲を越えて、

個人情報を取り扱ってはならないのが原則であり、目的外利用をするためには、法16条3項所定の例外的な場合のほかは、事前に本人の同意が必要である（16条1項）。取得された個人情報が本人の予期しない目的で取り扱われ、本人の権利利益が損なわれることを防止する趣旨である。

本人の同意は、事前のものである必要がある。したがって、いわゆるオプトアウト方式は認められない。ただし、後述のとおり、個人情報の取扱いの中でも第三者提供については、特則がおかれている（23条）。

目的外利用が認められる場合として、本人同意がある場合のほか、16条3項の定める以下の四つの場合がある。

- 法令に基づく場合（1号）。
- 人の生命、身体又は財産の保護のために必要がある場合であって、本人の同意を得ることが困難であるとき（2号）。
- 公衆衛生の向上又は児童の健全な育成の推進のために特に必要がある場合であって、本人の同意を得ることが困難であるとき（3号）。
- 国の機関若しくは地方公共団体又はその委託を受けた者が法令の定める事務を遂行することに対して協力する必要がある場合であって、本人の同意を得ることにより当該事務の遂行に支障を及ぼすおそれがあるとき（4号）。

(4) 適正な取得

個人情報取扱事業者は、偽りその他不正の手段により個人情報を取得してはならない（17条）。適正な取得と言えれば、本人以外からの取得も可能であり、また、本人の同意も不要である。

以上は一般の個人情報についての規律であるが、2015年法改正により、要配慮個人情報の取得についての規律が新設され、17条2項各号所定の場合を除くほか、あらかじめ本人の同意を得ないで取得してはならないとされた（新17条2項）。

(5) 取得および利用目的の変更に際しての利用目的の通知等

(i) 取得に際しての利用目的の通知等、本人が個人情報の利用目的を知りうるようにすることは、透明性を確保し、自己の個人情報がどのような目的で利用されるか不明であることによる個人の不安を緩和し、また、開示等の本人関与

を求める際の拠り所となることを可能とする。本法18条は、利用目的の通知・公表について、本人から直接書面で個人情報を取得する例外的な場合（2項）と、それ以外の原則的な場合（1項）とに分けて規定している。なお、いずれについても例外がある（4項）。

　前者の場合には、商品やサービスの申込書、アンケート調査票、懸賞の応募はがき等に個人情報の記載を求める場合である。この場合、個人情報取扱事業者は、あらかじめ本人に対して利用目的を明示する必要がある（例外として、人の生命、身体又は財産の保護のために緊急に必要がある場合には不要）。これによって、本人は個人情報提供の是非を慎重に判断することができる。

　後者の場合、個人情報取扱事業者は、個人情報を取得した場合は、あらかじめその利用目的を公表している場合を除き、速やかに、その利用目的を、本人に通知し、又は公表しなければならない。

　(ii) 利用目的を変更した場合の通知等、個人情報取扱事業者は、上述のように一定の範囲で利用目的を変更することができる（15条2項）が、その場合、変更された利用目的について本人に通知し、または公表しなければならない（ただし、4項がその例外を定める）。

②個人データに関する義務（19～23条）

(1) データ内容の正確性確保

　次に、データベース化された個人情報である個人データに関する義務について見る。

　これについては、正確性確保（19条）、安全管理措置（20条）といったもののほか、第三者提供の制限が重要である。

(2) 第三者提供の制限

　(i) 趣旨　本法23条は個人データの第三者提供の制限について規定する。このような制限がなされるのは、個人データの第三者提供が自由になされるとすると、本人にとっては自らの個人情報がどこでどのように利用されているかわからないという不透明な事態となり、また、個人データの提供先である第三者がすでに保有している個人情報との結合・照合等がなされ、本人の権利利益に重大な被害を及ぼすおそれがあるからである。今日では個人情報の財産的価値が

益々増し、その流通に対するニーズも強いことから、保護と利活用とのバランスに考慮した適切な規律が必要である。この問題は、2015年法改正の中心的な関心事の一つであった。

なお、個人情報取扱事業者が利用目的の達成に必要な範囲内において個人データの取扱いの全部又は一部を委託する等の行為は、第三者提供に当たらない (23条4項)。委託する場合には、委託先の監督義務があること (22条) は前述のとおりである。

(ii) オプトイン原則　23条の規定はかなり詳細であるが、基本となるのは1項の規定である。それによれば、個人データの第三者提供は原則として禁止され、それが認められるのは、①本人の事前同意がある場合 (つまり、オプトイン原則がとられている) と、②1項所定の事由がある場合に限られる。

②は、比較衡量によって第三者提供を認める利益が優越すると考えられることから認められており、次の4類型である (16条3項と同一である)。

・法令に基づく場合 (1号)
・人の生命、身体又は財産の保護のために必要がある場合であって、本人の同意を得ることが困難であるとき (2号)。
・公衆衛生の向上又は児童の健全な育成の推進のために特に必要がある場合であって、本人の同意を得ることが困難であるとき (3号)。
・国の機関若しくは地方公共団体又はその委託を受けた者が法令の定める事務を遂行することに対して協力する必要がある場合であって、本人の同意を得ることにより当該事務の遂行に支障を及ぼすおそれがあるとき (4号)。

(iii) 第三者提供を利用目的とする場合　このような1項の基本原則に対し、2項は利用目的に第三者提供が挙げられている場合の特則を定める。住宅地図業者が住宅地図を制作して販売するために個人情報を収集する場合のように、第三者提供を利用目的としていた場合でも、自由に第三者提供を行うことはできない。

しかし、このように第三者提供を利用目的とする場合には、一定の条件のもと制限は緩和されている。すなわち、①23条2項各号所定の事項についてあらかじめ本人に通知し又は容易に知りうる状態においており、②オプトアウト (こ

こでは、本人の求めに応じて第三者提供を停止すること）を認めていれば、本人の事前同意は不要となる。もっとも、2015年改正では規制が強化されている。

なお、個人情報施行後の「過剰反応」として、自治会やクラス名簿の作成・配布を中止するといった事例が報告されたが、作成・配布主体が個人情報取扱事業者に該当する場合であっても、23条2項に基づけばこうした名簿の配布は可能である。

(iv) 2015年改正

2015年改正により、外国にある第三者への提供制限（新24条）、第三者提供に係る記録の作成、確認等が義務づけられた。

③保有個人データに関する義務

(1) 総説

最後に、保有個人データに関する義務に触れる。ここで中心となるのは、保有個人データの開示、訂正等および利用停止等の本人関与に関わる義務であるが（法24～30条）、こうした本人関与の前提として、個人情報取扱事業者は、保有個人データの利用目的や本人関与の手続等について公表しなければならない（24条）。

(2) 開示、訂正等、利用停止

本法が定める本人関与の方法は、開示、訂正等（訂正、追加、削除）、利用停止等（利用停止、消去）の3類型である。現行法では、訴訟によって開示などを請求する権利まで認められているかどうか明らかではなかったが、2015年改正によって権利であることが明確にされている。

(i) 開示　まず、開示については、本人は原則として、個人情報取扱事業者に対し、本人が識別される保有個人データの開示を求めることができる（25条）。

(ii) 訂正等　本人は、個人情報取扱事業者に対し、保有個人データの内容が事実でない時は、その内容の訂正等（訂正、追加、削除）を求めることができる（29条）。請求を受けた個人情報取扱事業者は、利用目的の達成に必要な範囲内において遅滞なく必要な調査を行い、その結果に基づいて当該保有個人データの内容の訂正等を行わなければならない。

(ⅲ) 利用停止等　本法27条は利用停止等（利用停止、消去）のほか、第三者提供の停止についても定めている。いずれも、過去にさかのぼってではなく、今後の利用や第三者提供を停止等するものである。

　利用停止等の請求ができるのは、保有個人データが、①利用目的内での利用を定める本法16条に違反して取り扱われている場合、②適正な取得を定める17条に違反して取得された場合、③23条に反して第三者提供されている場合。である。利用停止等を請求できる事由が限定されているため、例えば、ダイレクトメールやテレマーケティングが迷惑だからといって直ちに利用停止等の請求ができるわけではない。

8.2.4.　匿名加工情報

　これは2015年改正で導入された考え方である。今日では、膨大な個人情報を加工して匿名化し、そうして得られた非個人情報をビッグデータとして自由に利活用したいという企業等のニーズが強くなっている。しかし、再識別化の可能性も増していることから、どこまで匿名化すれば非個人情報として扱ってよいのか、基準は曖昧である。そこで、2015年法改正では、完全な匿名化を追求するのではなく、一定程度の匿名加工と情報の取扱いに関する一定の規律（復元禁止など）とを組み合わせて情報の利活用と本人の保護との両立を図ろうとしている（新36条～39条）。

8.2.5.　実効性の確保

①基本構造

　ここでは、以上のような個人情報取扱事業者の義務を実効的に遵守させる仕組みについて説明する。この点に関する本法の特徴は、行政的な監督と事業者自身や事業者団体等による自主的措置とが組み合わされている点にある。

　また、行政的な監督については、いわゆる主務大臣制を採用していたことが特徴的であった。しかし、諸外国では独立の第三者機関による行政的監督の仕組みが採用されており、このようなあり方には批判が強かった。そこで、2015年法改正において、いわゆる独立行政委員会としての個人情報保護委員会が設置されることとなった。

現行の主務大臣制のもとでは、報告徴収、助言、勧告・命令といった権限が認められている（32〜34条）が、2015年改正によって監督機関の中心が個人情報保護委員会に移るとともに、監督権限そのものも後述のように強化されている。以下では、2015年改正後の制度について述べる。

②個人情報保護委員会による行政的監督

今述べたように、2015年法改正で個人情報保護委員会（以下、本節では「委員会」という）が設置された（新50条。2016年1月発足）。ただ、実際には委員会は全く新しく設けられたというよりは、番号法に基づいて2014年に設置された特定個人情報保護委員会が発展的に改組されたものである。また、これまでの主務大臣による監督の余地も一部残されている（新44条）。

委員会は、個人情報の適正な取扱いの確保を図ることを任務とする（新51条）いわゆる独立行政委員会であり（新50条2項）、独立性が認められる（53条）。独立性を担保するため、委員長および委員には身分保障がある（新56条、57条）。

委員会は委員長および8名の委員によって組織され、個人情報保護を始めとして所定の各分野に関する有識者のうちから、両議院の同意を得て内閣総理大臣が任命する（新54条3項、4項）。任期は5年で、再任可能である（新55条1項、2項）。

個人情報保護委員会には、委員会が様々な事項について指針を定めたり個別に承認を行ったりする権限が認められているが、義務違反に対する一般的な監督権限としては、勧告・命令権や、報告等を求めたり立入検査を行う権限、指導・助言の権限がある。

③事業者や事業者団体による自主的な措置

(1) 個人情報取扱事業者による苦情処理

個人情報取扱事業者による個人情報の取扱いに関する苦情は、私人間の問題であるため、基本的には当事者間で処理されるべきであり、簡易迅速な救済を図るという観点からもその方が望ましい。本法では、国（9条）、地方公共団体（13条）および次に述べる認定個人情報保護団体等による複層的な苦情処理の仕組みを定めているが、第一次的に苦情処理の責任を負うべきは個人情報取扱事業者自身であり、31条ではその努力義務を定める。

(2) 認定個人情報保護団体による個人情報保護の推進

　個人情報取扱事業者による個人情報の取扱いに関する苦情は、私人間の問題であるため、基本的には当事者間で処理されるべきことは上述のとおりであるが、本法には、個人情報取扱事業者等を補完して個人情報保護を推進する民間の取組みを支援する仕組みが採用されている。それが認定個人情報保護団体の制度であり、事業者団体等による個人情報保護の取組みを国による認定という形で支援しつつ、その適正を図るために委員会による一定の監督を定めるものである（37条～49条）。

　認定個人情報保護団体の認定は、申請に基づいて委員会によって行われ、現在、42団体が認定されている。

　認定個人情報保護団体の役割としては、苦情処理（42条）、ガイドライン（個人情報保護指針）の作成・公表、およびこれを遵守させるための指導・勧告（43条）等がある。

8.2.6. インターネットと個人情報保護

　以上は、個人情報保護法の一般的な説明であったが、ここでは、それを踏まえつつ、インターネットにおける個人情報保護において問題となる具体例を若干紹介することとする。なお、インターネットにおける個人情報保護の問題は、通信の秘密（憲法21条2項、電気通信事業法4条、179条など）の保護と重なることも多い。

　まず、IPアドレス、MACアドレス、携帯電話端末の端末固有番号といったものについては、「個人情報」に該当するかどうかが問題となるが、プロバイダや携帯電話会社といった契約者情報を保有している事業者にとってみればこれらが「個人情報」に当たることは明白であるが、それ以外の事業者にとっては照合容易性がなく「個人情報」に当たらない場合も多いだろう。

　ただ、最近の問題は、特に端末固有番号のような変更不可能（あるいは困難）をキーにアプリによって様々な情報を継続的に収集することが、個人情報保護やプライバシー保護の観点から見て問題ではないかという考え方が強くなってきている。そこで、個人情報保護法の2015年改正では、個人情報の定義に「個人識別符号が含まれるもの」という規定が追加され（新2条1項2号）、このような問題意識が反映されている。もっとも、具体的には政令で定めることとなって

いるため（新2条2項1号）、現時点では不明な点が多い。

　次に、近年のスマートフォンの普及により利活用が進められているのが位置情報である。スマートフォンのGPS機能を使った高精度の位置情報は、人の移動経路の分析によるマーケティングや、近隣の店舗等からのリアルタイムでの広告配信等、利用価値が高いとされているが、その野放図な利用は個人情報やプライバシーの保護、さらには通信の秘密の保護の観点から懸念されるところである。この点、例えば、電気通信事業者による位置情報の他人への提供は、利用者の同意がある場合、裁判官の令状による場合その他の違法性阻却事由がある場合に限って認められるとされる（電気通信事業における個人情報保護に関するガイドライン26条1項）。また、アプリ事業者による位置情報を始めとする利用者情報の取得については、総務省の「スマートフォン　プライバシー　イニシアティブ」などによって適正化の提言が行われている[2]。

　最後に、通信履歴について触れる。まず、通信履歴の記録について、通信履歴は通信の秘密に含まれるものとして厳格に保護されている。具体的には、電気通信事業者は、通信履歴については、課金、料金請求、苦情対応、不正利用の防止その他の業務の遂行上必要な場合に限り、記録することができ、具体的には6か月程度、適正なネットワークの運営確保の観点から年間を通じての状況把握が必要な場合など、より長期の保存をする業務上の必要性がある場合には1年程度保存も許容される（電気通信事業における個人情報保護に関するガイドライン23条1項）。電気通信事業者は、こうした必要のある範囲を越えて通信履歴を保存することはできないことになる。なお、この点については、2011年に改正された刑事訴訟法により通信履歴の保存要請の制度が設けられている（刑訴法197条3項）。同条項の規定によって要請があった場合には、原則として30日以内の所定の期間、記録の保存を行うことになる。

　次に、通信履歴の提供について、電気通信事業者は、利用者の同意がある場合、裁判官の発付した令状に従う場合、正当防衛又は緊急避難に該当する場合その他の違法性阻却事由がある場合を除いては、通信履歴を他人に提供しないものとする（電気通信事業における個人情報保護に関するガイドライン23条1項、2項）。

---

[2]　総務省（2012）「スマートフォン　プライバシー　イニシアティブ」(http://www.soumu.go.jp/menu_news/s-news/01kiban08_02000087.html) (access:2015年7月17日)

8.3. 個人情報保護のための自主的取組み（プライバシーマーク制度）

8.2では、個人情報保護法の概要についてやや立ち入ってみてきた。事業者は、コンプライアンス（法令遵守）の一環として同法の規律を遵守する必要がある。個人情報の流出事件が大きく報道され、場合によっては企業経営の根幹をも揺るがす事態となりうることからも、個人情報保護に対する取組みは重要な課題であり、事業者は個人情報保護のために十分な体制を整備しなければならない。

ただ、個人情報保護法自体は、遵守すべき規律を定めるだけであり、そのための社内体制の整備については規定するところがない。そこで、自主的な措置としてマネジメントシステムが多く導入されている。具体的には、JIS Q 15001:2006とそれに基づくプライバシーマーク制度が代表的なものであり、個人情報保護のマネジメントシステムを定めると同時に、認証評価が行われる。プライバシーマークを取得した事業者は、法律への適合性はもちろんのこと、PDCA (Plan-Do-Check-Act) サイクルを始め、自主的により高い保護レベルの個人情報保護マネジメントシステムを確立し、運用していることをアピールする有効なツールとして活用することができる。実際、多くの企業では、個人情報の処理を委託する際の委託先選定の基準として、このマークの取得を取り入れており、社会的に定着した仕組みとなっている。

プライバシーマーク制度を運営しているのは、経済産業省系の団体である一般財団法人日本情報経済社会推進協会 (JIPDEC) であり、JIPDEC本体およびJIPDECに指定された民間事業者団体が審査機関となって、申請のあった事業者の審査を行い、条件を満たした場合にプライバシーマークを付与することになっている。

参考文献

日置巴美、板倉陽一郎『平成27年改正個人情報保護法のしくみ』(商事法務、2015年).
山本龍彦「インターネット上の個人情報保護」松井茂記ほか(編)『インターネット法』(有斐閣、2015年) 第11章
曽我部真裕ほか『情報法概要』(弘文堂、2015年) 第6章

第9章

不正アクセス

本章のあらまし

　インターネット上で行われる不正な行為に関する法規制として、情報の改竄行為、虚偽の情報の送信行為、ウィルスの作成行為などが存在するが、とりわけネットワークに対する不正アクセスを禁止するものとして、「不正アクセス禁止法」が制定されている。本章では、まず不正アクセス禁止法の概要を述べた後、不正アクセス行為の法律上の定義とその解釈について触れる。そして、不正アクセス禁止法によってアクセス管理者に課せられている努力義務の内容について確認した後、不正アクセスを防止できなかった場合にどのようなコンプライアンスリスクが発生しうるのかについて論ずる。

本章の学習目標
- 不正アクセス禁止法が定める、「不正アクセス行為」の定義を理解する。
- 不正アクセス行為には、どのような行為が含まれるのかを理解する。
- 不正アクセス禁止法が義務や罰則を課す対象について理解する。
- 不正アクセスが発生した場合に、不正アクセスを受けた側にどのようなリスクが発生する可能性があるのかを理解する。

9.1. 不正アクセスの現状

　今日、情報通信としてのインターネットの普及はめざましいものがあり、深く社会に根を下ろしつつある。これにより、従来直接対面当事者間でなされていたコミュニケーション、取引、サービスの提供などがインターネットを通じて提供されるようになっており、広く国民がその利便性を享受している。他方、インターネットではセキュリティの脆弱性などの問題から、今日、不正な情報利用などが広く横行するようになっており、現行法でも一定の規制を設けている。

　具体的には、情報の改竄行為は電子計算機損壊等業務妨害罪（刑法234条の2）、虚偽の情報の送信行為について電磁的記録不正作出・供用罪（刑法161条の2）、ウィルスの作成行為について不正指令電磁的記録作成・提供等（刑法168条の2、168条の3）などにより、コンピュータの利用犯罪について規制が設けられているが、とりわけネットワークに関する不正アクセスを禁止するものとして「不正アクセス行為の禁止等に関する法律」（平成11年8月13日法律第128号。以下「不正アクセス禁止法」という。）が制定されている[1]。

　警察白書によれば、不正アクセス禁止法違反による検挙件数は2013年には、前年よりも増加しており980件に至っており、今後も増加することが予想される。

9.2. 不正アクセス禁止法の概要

　2000年にインターネット等のコンピュータ通信ネットワークでの通信につい

---

[1] 国際的な枠組みとしては、サイバー犯罪から社会を保護することを目的とした共通の刑事政策を実施するため「サイバー犯罪に関する条約（Convention on Cybercrime）」が存在しており、我が国においても2012年に発効している。

て、不正アクセス行為およびその助長行為を禁止する不正アクセス禁止法が施行された。

不正アクセス禁止法1条は、「不正アクセス行為を禁止するとともに、これについての罰則及びその再発防止のための都道府県公安委員会による援助措置等を定めることにより、電気通信回線を通じて行われる電子計算機に係る犯罪の防止及びアクセス制御機能により実現される電気通信に関する秩序の維持を図り、もって高度情報通信社会の健全な発展に寄与することを目的とする」と定めている。

このような不正アクセス禁止法は大きく分けて、二つの態様の不正アクセス行為を禁止している。いわゆる不正ログインに対する規制とセキュリティホール攻撃に対する規制である。

9.3. 改正前不正アクセス禁止法に定める禁止行為

9.3.1. 不正ログインに対する規制

i 不正アクセス行為の定義は2条4項に定められており、同1号は「アクセス制御機能[2]を有する特定電子計算機に<u>電気通信回線を通じて</u>当該アクセス制御機能に係る他人の<u>識別符号</u>を入力して当該特定電子計算機を作動させ、当該アクセス制御機能により制限されている特定利用をし得る状態にさせる行為（以下、略）」（下線加筆）と定める。

ii 「識別符号」

---

[2] 特定電子計算機の特定利用を自動的に制御するために当該特定利用に係るアクセス管理者によって当該特定電子計算機又は当該特定電子計算機に電気通信回線を介して接続された他の特定電子計算機に付加されている機能であって、当該特定利用をしようとする者により当該機能を有する特定電子計算機に入力された符号が当該特定利用に係る識別符号（識別符号を用いて当該アクセス管理者の定める方法により作成される符号と当該識別符号の一部を組み合わせた符号を含む。次項1号及び2号において同じ。）であることを確認して、当該特定利用の制限の全部又は一部を解除するものをいう（法2条3項）。IDとパスワードによりコンピュータの利用を可能にするものが広く含まれる。

ここに言う識別符号とは、利用者[3]が、アクセス管理者[4]から他の利用者と区別するために付された符号であり、①みだりに第三者に知らせてはならないものとされたもの、②当該利用者等の身体の一部の影像又は音声を用いてアクセス管理者が定める方法により作成されたもの、③当該利用者等の署名を用いてアクセス管理者が定める方法により作成されるものいう（法2条2項）。

①の具体例はID・パスワードである。ID・パスワードについては両者が組み合わされて初めて識別符号にあたるとされる。

②の「影像」の具体例は指紋や虹彩である。②や③は、アクセス管理者が定める方法により数値（符号）化されたものが識別符号となり、それ単体で識別符号となる場合と、IDなどと組み合わせて識別符号となる場合がある。

iii 「電気通信回線を通じ」

識別符号を、インターネット回線（電気通信回線）等を通じてアクセス制御機能を有するネットワークに接続したコンピュータ（特定電子計算機）に入力し、コンピュータを作動させ、コンピュータを利用できる状態にすることで不正アクセス禁止法により禁圧される不正アクセス行為を行ったことになる。

このように不正アクセス禁止法は、あくまでネットワークを通じた不正行為である必要があり、例えばID・パスワードでロックされたスタンドアローンのコンピュータに直接IDやパスワードを打ち込んでこれを起動するような行為は不正アクセス禁止法に言う不正アクセス行為にはならない。

9.3.2. セキュリティホール攻撃に対する規制

i セキュリティホール攻撃に関する定義は、法2条4項2号および3号に設けられ

---

[3] 特定電子計算機の特定利用をすることについて当該特定利用に係るアクセス管理者の許諾を得た者（法2条2項柱書）。

[4] 電気通信回線に接続している電子計算機（以下「特定電子計算機」という）の利用（当該電気通信回線を通じて行うものに限る。以下「特定利用」という）につき当該特定電子計算機の動作を管理する者をいう（法2条1項）。
特定電子計算機とは、インターネットに接続されているコンピュータに限らず、社内LANのようなクローズドなネットワークも含まれる。したがって社内LANを有している会社はアクセス管理者にあたることになる。
またアクセス管理者は管理しているか否かが問題とされ自らサーバーを所有している必要はない。

ており、それぞれ「アクセス制御機能を有する特定電子計算機に電気通信回線を通じて当該アクセス制御機能による特定利用の制限を免れることができる情報（識別符号であるものを除く。）又は指令を入力して当該特定電子計算機を作動させ、その制限されている特定利用をし得る状態にさせる行為（以下、略。）」（2号）、「電気通信回線を介して接続された他の特定電子計算機が有するアクセス制御機能によりその特定利用を制限されている特定電子計算機に電気通信回線を通じてその制限を免れることができる情報又は指令を入力して当該特定電子計算機を作動させ、その制限されている特定利用をし得る状態にさせる行為」（3号）と規定されている。

　2号と3号では攻撃対象が異なっている。2号は、アクセス制御機能を有するネットワークに接続されたコンピュータを直接攻撃する場合を想定しており、3号はネットワークに接続された他のコンピュータを踏み台にしてアクセス制御機能を有するコンピュータを攻撃する場合を想定している。

ⅱ 2号も3号も、「特定利用をし得る状態」に置けば不正アクセス行為は既遂となり、そこから進んでコンピュータを不正に利用することまでは要求されていない。

9.3.3. 不正アクセスの解釈

　上記のような不正アクセス行為が不正アクセス禁止法により禁圧されているが、例えば識別符号を入力することなく一定の方法によりアクセスが可能なコンピュータが存在した場合、それらは直ちに不正アクセス禁止法に言うアクセス制御機能が存在しないコンピュータということになるのであろうか。

　この点について、京都大学の研究員が、コンピュータソフトウェア著作権協会（ACCS）が運営するウェブサイト「著作権・プライバシー相談室〜ASKACCS」のCGIプログラムの脆弱性を利用して同サイトに寄せられたユーザーの個人情報1,184件を不正に入手し、その後、開催されたセキュリティカンファレンスにおいて個人情報の入手方法を公開、入手した個人情報の一部を発表するという事件が発生し、懲役8ヵ月（執行猶予3年）の判決を言い渡されたケースがある[5]。

　この研究員は、ASKACCSのサーバー内にあった、エラー表示のための

5　東京地判平成17年3月25日（判例タイムズ1213号314頁）

CGIプログラムにデータを渡すための「csvmail.html」ファイル内の引数を「csvmail.cgi」と書き換えた。そして、これにより表示されたcsvmail.cgiのソースコード中に表示されたログファイル名「csvmail.log」を引数として再度htmlファイル上で書き換えることにより、個人情報が記載されたログファイルを表示させた。なお、問題となったサーバはFTPでアクセスする場合には識別符号が必要とされていたが、HTTPからのアクセスに対しては特に必要とされていなかった。また、識別符号を入力する又は研究員の行った方法以外の方法でアクセスすることは困難であるという状況であった。

　このような行為が「不正アクセス行為」と言えるのか、以下の2点が争点となった。

　1点目として、「アクセス制御機能」の有無をコンピュータというハードごとに判断するのか、FTPとHTTPを別個に判断するのかという点が争われた[6]。この点について裁判所は条文上の文言上もハードごとに判断するものとし、研究員がアクセスしたサーバのFTPでのアクセスにはアクセス制御機能が設けられている以上、「アクセス制御機能を有する特定電子計算機」（2号参照）にあたるとした。また2点目として、研究員の採ったアクセス手法によれば、識別符号の入力をせずにログファイルの閲覧が可能であったことから、そもそもアクセス制御による制限が有ると言えるのかが問題となった。この点については、「制限がプログラムの瑕疵や設計上の不備によるアクセス管理者の意図に反して不十分な場合、そのことをもって特定電子計算機の特定利用を制御するためにアクセス管理者が付加している機能をアクセス制限機能と認められないこととするのは、プログラムやコンピュータシステムが複雑化し、プログラムの瑕疵や設定の有無を容易に判断、修正できない現状に照らして現実的ではないし巧拙について客観的に判定する基準も存在しない。そうすると、アクセス管理者が当該特定利用を誰にでも認めている場合には、アクセス制御機能による特定機能の制限はないと解すべきであるが、プログラムの瑕疵や設定上の不備があるため、識別符号を入力する以外の方法によってもこれを入力したときと同じ特定利用ができることをもって、直ちに識別符号の入力により特定利用の制限を解除する機能がアクセス制御機能に該当しなくなるわけではない」と判断されている。

---

[6] FTPとHTTPは別個のものと考えれば、アクセス制御がなされていないHTTPによるアクセスである以上、不正アクセスにあたらないという結論が導かれる。

9.3.4. 識別符号の不正流通に対する規制

　従来から不正アクセス禁止法は、アクセス制御機能に係る他人の識別符号（IDやパスワード等）を、その識別符号がどの特定電子計算機に係るものであるかを明らかにして、又はこれを知っている者の求めに応じてアクセス管理者及びその識別符号に係る利用権者以外に提供してはならないこととし（旧法4条）、識別符号の不正な流通を防止し、以て不正アクセス行為を禁圧していた。

　しかし、IDとパスワードと共にその利用可能なサイトが明らかにされているか、これを知っている者の求めに応じて提供する場合に限定して処罰の対象としていたため、それ以外の識別符号の提供行為については規制の対象外とされ、不正アクセスが十分に規制できていなかった。

　そこで、2012年の改正により処罰範囲を拡大した。

i　まず、法4条は「何人も、不正アクセス行為（第二条第四項第一号に該当するものに限る。第六条及び第十二条第二号において同じ。）の用に供する目的で、アクセス制御機能に係る他人の識別符号を取得してはならない。」と定め、他人のIDやパスワード等の識別符号を入手する行為を禁止する。

　　識別符号の入手にあたって、「不正アクセス行為の用に供する目的」でこれを取得することが要求されているが（目的犯）、これは自ら不正アクセスに利用する意図がある場合に限らず、不正アクセス行為の意図を持っている第三者にこれを提供する目的も含まれている。また「取得」とは、自己の支配下に移す行為を言い、紙媒体や電子記録の複製媒体でこれを受け取る行為や、ウェブ上の画面表示を通じてこれを知得する行為も含まれている。

ii　次に、旧法から存在していた識別符号の提供について、法5条は限定を廃し「何人も、業務その他正当な理由による場合を除いては、アクセス制御機能に係る他人の識別符号を、当該アクセス制御機能に係るアクセス管理者及び当該識別符号に係る利用権者以外の者に提供してはならない。」（法5条）と定めるに至っている。ウェブサイトの掲示板などにIDやパスワードを書き込む行為が典型例である。

iii　加えて、「何人も、不正アクセス行為の用に供する目的で、不正に取得されたアクセス制御機能に係る他人の識別符号を保管してはならない。」（法6条）と定めている。注意を要するのは、法4条の不正取得と同様に「不正アクセス行為の用に供する目的」が要求されている。また「不正」に取得されたとさ

れているが、保管の前段階の取得行為が「不正」な行為である必要はないとされる。

iv 最後にいわゆるフィッシングに対する規定が設けられている。

法7条は、アクセス機能を特定電子計算機に付加したアクセス管理者になりすます等により、アクセス管理者と誤信させ、「当該アクセス管理者が当該アクセス制御機能に係る識別符号を付された利用権者に対し当該識別符号を特定電子計算機に入力することを求める旨の情報を、電気通信回線に接続して行う自動公衆送信（略）を利用して公衆が閲覧することができる状態に置く行為」（1号）や「当該アクセス管理者が当該アクセス制御機能に係る識別符号を付された利用権者に対し当該識別符号を特定電子計算機に入力することを求める旨の情報を、電子メールにより当該利用権者に送信する行為」（2号）を行うことを処罰対象とする。1号はサイト構築型のフィッシングであり、ウェブサイト上でアクセス管理者の名称やロゴを表示してIDやパスワードの入力を求めるような場合である。これに対して2号はメール送信型で、HTMLメール上にIDやパスワードの入力欄や送信ボタンを設けている場合である[7]。

9.4. アクセス管理者に対する義務

以上のように不正アクセス禁止法は不正アクセス行為を処罰対象とするが、一方で不正アクセス行為を禁圧するため、不正アクセスを受ける側等に対しても一定の義務を課している。

① 防御措置構築の努力義務（法8条）
② 不正アクセス再発防止のための都道府県公安委員会による援助（法9条）
③ 国家公安委員会、総務大臣及び経済産業大臣に対する不正アクセス行為の発生状況及びアクセス制御機能に関する技術の研究開発の状況を公表義務

7　以上につき、警察庁サイバー犯罪対策「不正アクセス行為の禁止等に関する法律の解説」参照。

（法10条1項）
④ 国家公安委員会、総務大臣及び経済産業大臣に対する、関係団体への情報の提供その他の援助義務（努力義務。法10条2項）
⑤ 国の不正アクセス行為からの防御に関する啓発及び知識の普及義務（努力義務。法10条3項）

このうち、①については、アクセス管理者である者（通常は事業者であろう）に努力義務として課されるものにすぎないが、セキュリティ、管理体制を全く講じていない場合や極めて不十分な防御措置しか構築していない場合には、民事賠償責任を問われる可能性があり[8]、アクセス管理者としては可能な限りセキュリティ対策を施しておく必要がある。

9.5. コンプライアンスリスク

上記のように不正アクセス禁止法が定められているが、不正アクセス被害にあった場合、アクセス管理者である事業者には様々なリスクが発生する。

9.5.1. 不正アクセスが発生したことによるレピュテーションリスク

不正アクセスの被害を受けたアクセス管理者はあくまで被害者である。しかし、不正アクセス被害を受けることにより、当該事業者のイメージに対するマイナスはもとより、個人情報が流出したような場合には、セキュリティ対策の不十分性があったのではないか等、非常に厳しい社会的批判を受けることが多い。被害に遭っている以上、システムのセキュリティや管理体制に何らかの問題があった（と言われる）ことは避け難く、事業者としては被害を受けながらも非難

---

[8] 同条項は公法上の義務であり、ただちに民事上の損害賠償義務を基礎づけるものではないが、このような法律上の義務の存在により、私法上の義務が認められる可能性は否定できない。

されるという極めて難しい立場に立つこととなる。

　このような場合には、速やかに不正アクセス被害について情報を開示し、不正アクセスの被害状況、原因などについて調査を行うことが肝要である[9]。

　なお、前掲ACCS事件では、不正アクセス被害が発生する以前よりサーバーを提供していたファーストサーバ社（以下「ファーストサーバ」という）はシステムに脆弱性があることを認識していたが、あえてこれを開示していなかった。このことでファーストサーバが直接的な損害を被ったわけではないが、事件の発生した当時とは異なり、不正アクセスに対する社会的な注目度も上がっている現在において、このような対応は非常に法的リスクが高く、推奨されるものではない。

　不正アクセス被害に遭う前であっても、システムの脆弱性について認識した段階で速やかに情報およびその対応策を開示することが望まれる[10]。

9.5.2. 経済的負担

　前掲ACCS事件においても、システムの脆弱性対策のためにファーストサーバは1億円程度の予算を費やし、セキュリティ環境の再構築をしており、不正アクセス被害の発生は事業者にとってのコスト負担増というリスクもある。

　それ以上に、事業者にとっては損害賠償リスクが大きい。特に不正アクセスにより、当該事業者の提供するシステムの利用者のシステムが利用できなくなった場合や、秘密情報が漏洩した場合などは、当該利用者に対する損害賠償責任[11]を負うリスクがあり、特に、その情報が個人情報などの場合には、多数の個人ユーザーに対し、債務不履行または不法行為に基づく損害賠償責任を負うことになる。例えば、エステティック事業者の個人情報漏洩事件では、漏洩した個人情報により識別される個人に対して1人あたり35,000円の損害賠償義務が認められている[12]。

　もちろん、何らかのセキュリティ対策を講じていたにもかかわらず、不正アク

9　情報の開示は被害に遭った段階での報告、その後調査の進捗に応じて必要な情報を開示しておくことが望ましい。

10　具体的な情報開示の手順については、システムの脆弱性に対する対策が明らかになっているか等、タイミングと公表する情報内容を検討する必要があろう。しかし、不必要に脆弱性情報を秘匿することはリスクを増加させるもので、推奨されるものではない。

11　事業者がシステムを利用できなかったことによる逸失利益や秘密情報が漏洩したことにより被った経済的損失の賠償などが考えられる。

12　エステティックホームページ個人情報流出事件（東京地判平19・2・8判時1964号113頁）

セス被害にあったような場合で、安全対策を講じる注意義務を尽くしていたと言えるような場合には、ただちに損害賠償責任を負うわけではない。そこで問題となるのは、アクセス管理者として、どの程度のセキュリティ対策を講じていれば注意義務を尽くしていたと言えるかという点である。

　この点については一義的な基準を設けることは難しい。ただ、一般的にはシステムのセキュリティに対する各種ガイドラインなどに準拠してセキュリティ対策を施していれば、注意義務違反を問われる可能性を減らすことはできよう[13]。

　前述のエステティック事業者が顧客の個人情報をウェブサイトの公開領域に置いていたためにこれが流出した事件において、裁判所は「個人情報を含む電子ファイルについては、一般のインターネット利用者からのアクセスが制限されるウェブサーバーの「非公開領域」に置くか、「公開領域」（ドキュメントルートディレクトリ）に置く場合であっても、アクセスを制限するための「アクセス権限の設定」か「パスワードの設定」の方法によって安全対策を講ずる注意義務があったものというべきである」と判示している。

　このケースは、サイトの公開領域に個人情報を置いていたという、いわば注意義務を全く尽くしていないといわれても仕方のないケースであった。そのため不正アクセス禁止法上も当該個人情報の取得が不正アクセス行為とすら言えない可能性のあるものであったが、少なくとも個人情報などの情報を取り扱う事業者において一定のセキュリティ対策を講じる必要があることが示されたものと言える。

　最後に、不法行為責任を契約約款の免責規定で逃れることができるのかという点について触れておきたい。

　事業者としては、上記のような損害賠償リスクを軽減するために、利用者との契約（約款）において、第三者による不正アクセスによってシステムが利用できなかったことによる損害や情報が漏洩したことによる損害について責任を負わない又は制限される旨の規定を設けておくことが考えられる。

　このような規定は今日多くのウェブサービス（クラウド等を含む）にも用いられているものであり直ちにその効力が否定されるものではないが常に有効とい

---

[13] 事業者にとって、どの程度のセキュリティ対策を講じうるかは得られる利益とコストとの関係で決められる面がある。億単位の金額で提供されるシステムに求められるセキュリティレベルと無償で提供されるシステムのセキュリティレベルは異なっても仕方ない面もある。このほか不正アクセスにより漏洩する可能性のある情報の内容などによっても、求められるセキュリティレベルは違ってくるはずである。

えるかは疑問がある。不正アクセスと免責条項の関係について直接判示した判例は存在していないが、ホスティングサーバーのデータ消失時の免責規定などの効力について判例が存在しているところである。

　結論としては、免責規定も有効であるが重過失免責規定については、その効力が否定される可能性は少なからず存在し、上記エステティック事業者の判例のようなケースでは、注意義務違反の程度が著しく、当該事案において免責規定の効力が否定される可能性も否定できないところである。システム管理者である事業者としては免責規定に頼って必要なセキュリティ対策を怠るような愚は犯すべきではなかろう。

第3部
実務編
デジタルコンテンツアセッサに求められる責務

第10章

デジタルコンテンツアセッサのリスクマネジメント業務

本章のあらまし

　企業組織がインターネットを日常的に使用するようになって、従来では起こらなかった問題が生じている。こうした問題はインターネットの「リスク」と表現されることが多いが、それでは「リスク」とは何だろうか。本章では「リスク」とそれを運用管理する「リスクマネジメント」について策定した標準規格「JIS Q 31000:2010 リスクマネジメント原則及び指針」[1]（以下、JISと略す）の概要を紹介し、DCAがウェブサーバーのリスクマネジメント業務を実施するために実務上で必要となる、リスクの運用管理について扱う。

1　日本工業標準調査会(2010)「JIS Q 31000:2010 リスクマネジメント原則及び指針」

> **本章の学習目標**
> ・リスクとは何か、リスクマネジメントとは何か理解する。
> ・リスクマネジメントの標準規格について理解する。
> ・DCAが行うリスクマネジメントについて理解する。

10.1. リスクマネジメントの基礎

リスクとは何か

　リスクという言葉は日常的に聞かれるが、その実、意味や定義を問われると答えられないということはないだろうか。

　あらゆる企業組織は、業態や規模に関わらず、自らの目的達成の成否を不確かにする外部要因・内部要因や影響力に直面する。この"不確かさ"が組織の目的に与える影響が「リスク」である。

　リスクとリスクを運用管理するリスクマネジメントについては、標準規格であるJISにより定義されている。その定義によれば、リスクは「目的に対する不確かさの影響」であり、影響とは「期待されていることから、好ましい方向または好ましくない方向にかい離すること」とされている。つまりリスクとは、一般に想像されているようなマイナスの影響ばかりでなく、プラスの影響のものも含まれる。また、リスクは「ある事象（周辺状況の変化を含む。）の結果とその発生の起こりやすさとの組合せとして表現」される。つまり、企業組織のあらゆる活動にもリスクが存在することは言うまでもない。企業組織は、どこまで意図して実施しているか否かは別として、リスクを特定・分析して対応し、モニタリングを行って評価するといったさまざまな行動を通して、組織の活動におけるリスクのうちの好ましくない方向のリスクが低くなるよう運用管理を行っているケースが多いようである。だが、後述するように、リスクへの対処策としてはその他の管理策もあるので、そういったものも含めて、リスクマネジメントの全体像を理解しておくべきであろう。

リスクマネジメントとは何か

　リスクマネジメントとは、JISによると「リスクについて、組織を指揮統制するための調整された活動」と定義されている。しかし、多くの企業組織で実務上実行されているリスクマネジメントは、必ずしも標準的なやり方に則ったものとは言えないことも多い。よく見受けられるのは、あらかじめリスクを分析してそ

の管理策を練るということをしないままに、現実化したリスクに対して場当り的にアクションを起こすのみにとどまっているというケースである。そこで、DCAが自組織に体系的なインターネットのリスクマネジメントを新たに導入・実施する必要が出てくることも考えられる。そのような場合には、JISに照らしたプロセスを設計することがのぞましいであろう。なぜなら、JISは、異なる業種・業態においても標準的に導入・実施することを念頭に置かれて設計されているものなので、多くの企業組織において効果的なリスクの運用管理に資すると考えられるからである。また、全くの白紙の状態から新規にリスクマネジメントのプロセスを構築していくよりは、すでにそれぞれの企業組織が実施しているリスクマネジメントを連携させる形で、JISに基づくプロセスを構築していくほうが容易であろう。

10.2. リスクマネジメントの標準規格

10.2.1. リスクマネジメントの全体構造

リスクマネジメントの標準規格であるJISの意図は、「包括的な一つの枠組みの下に一貫したプロセスを採択することによって、企業組織全体にわたってリスクを効果的、効率的及び首尾一貫した形で運用管理することを確実にするための援助」である。そのため、この規格には「あらゆる範囲及び企業組織を取り巻くあらゆる状況において、体系的で、透明性があり、かつ、信頼できる形で、あらゆる形態のリスクを運用管理するための原則及び指針」の基礎が提供されている。

JISの全体構造は図10-1のとおりである。

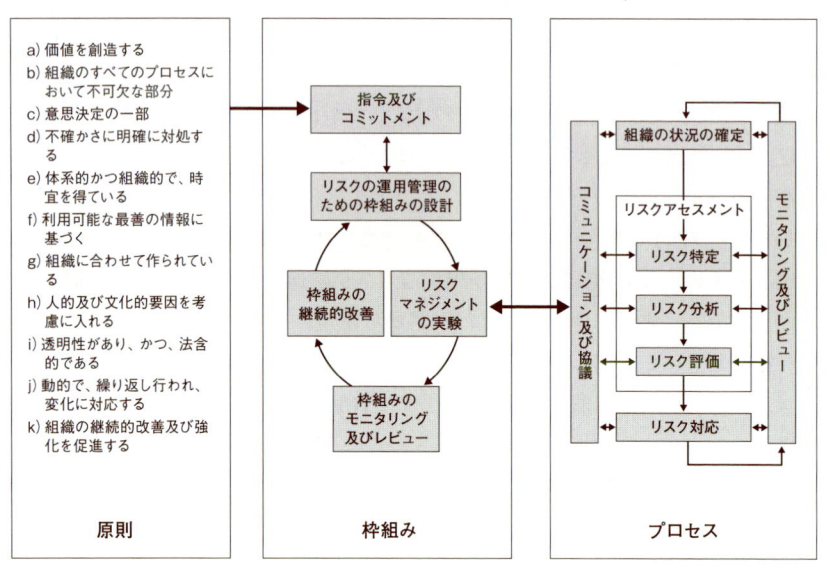

図10-1　リスクマネジメントの原則、枠組みおよびプロセスの関係
出典：JIS Q31000：2010より引用

　JISに則ったリスクマネジメントを実践することで、企業組織は以下のようなメリットが得られることが期待される。
1. 目的達成の起こりやすさを増加させる。
2. 事前管理を促す。
3. 企業組織全体でリスクを特定し、対応する必要性を認識する。
4. 機会および脅威の特定を改善する。
5. 関連する法律および規制の要求事項並びに国際的な規範を遵守する。
6. 義務的および自主的報告を改善する。
7. 統治（ガバナンス）を改善する。
8. ステークホルダーの信頼および信用を改善する。
9. 意思決定および計画のための信頼できる基盤を確定する。
10. 管理策を改善する。
11. リスク対応のために資源を効果的に割り当てて使用する。
12. 業務の有効性および効率を改善する。
13. 環境保護とともに健康および安全のパフォーマンスを高める。
14. 損失の予防およびインシデントマネジメントを改善する。

15. 損失を最小化する。
16. 企業組織的学習を改善する。
17. 企業組織の適応力を改善する。

この中で、DCAにとって重要な項目を指摘する。

ソーシャルメディアの普及により、企業組織に対する悪評が短時間でユーザーに拡散し、その影響が取引先にも及ぶという炎上(フレーミング)のケースが増加しているが、これに有効に対抗するには、8.ステークホルダーの信頼・信用の改善を最優先事項として、14.損失の予防とインシデントマネジメントの改善を実施するということが重要であることが導かれる。

ただし、JISに則ったリスクマネジメントを実施すれば自動的にそうしたリスクの問題が解決できるというわけでなく、あくまで企業組織としてリスクに向きあうための原則を示したもので、そこから企業組織の状況に応じて管理策を具体化しなければならないことはいうまでもない。

10.2.2. リスクマネジメントのプロセスとリスク評価

JISでは、リスクマネジメントの手順として図10-1の左部分「プロセス」に挙げたようなリスクマネジメントのプロセスを紹介している。

デジタルコンテンツアセッサの実務として、特に重要なのが「リスクアセスメント」のプロセスである。リスクアセスメントは、何がリスクなのかを調べて発見し認識・記述する「リスク特定」、特定されたリスクの特質を理解して、そのリスクが企業組織にどのような影響を及ぼすのかを算定しリスクレベルを決定する「リスク分析」、リスクによって受ける影響を受容・許容することが可能なのか意思決定するために測る「リスク評価」、そのリスクに対しどのように対応し修正するかの「リスク対応」の四つのサブ・プロセスに分かれている。なお、リスク対応による対策は「管理策」と呼ばれている。

JISでは、そのうちのリスク対応について、以下の7種類の手法を例示している。

①リスクを生じさせる活動を開始または継続しないと決定することによってリスクを回避すること
②ある機会を追求するためにリスクを取るまたは増加させること
③リスク源を除去すること
④起こりやすさを変えること
⑤結果を変えること
⑥一つ以上の他者とリスクを共有すること
⑦情報に基づいた意思決定によってリスクを保有すること

　このうち、①は「リスクの回避」とも呼ばれており、リスクそのものを取り除く対応である。例えば、好ましくないリスクが発生しそうな事業からは撤退するというような場合である。リスクはゼロになるが、その事業・活動から得られるリターンもゼロになることに注意する必要がある。
　②の「リスクを取るまたは増加させる」というのは、10.1で述べたとおり、リスクには「期待されていることから、好ましくない方向へかい離していく不確かさ」のみならず、「好ましい方向へかい離していく不確かさ」も含まれているという考え方が背景にある。かつては、前者の「好ましくない方法」の不確かさのみをリスクとして捉える向きも多かったが、近年は「好ましい方向」も含めてリスクとして捉えるようになってきている。
　この②に加えて、③の「リスク源の除去」と④の「起こりやすさを変える」、⑤の「結果を変える」を合わせた四つは、リスクの低減を含めたリスクを最適化する対応である。なお、④と⑤の違いとしては、④はリスクが発生する「確率」の大小に着目しており、⑤はリスクが発生した場合に起こる結果の「影響度」（深刻さ）の大小に着目している。
　⑥の「リスクの共有」は、具体的には、リスクのある業務を外注したり、保険に加入したりすることである。言い換えれば、リスクの影響を他者に移転する対応であるので、「リスクの移転」とも呼ばれる。
　⑦の「リスクの保有」は、リスクが現実化したときの影響が許容可能な範囲内である場合、とくに対策せずにそのまま受け入れるという対応である。これは、「リスクの受容」と呼ばれることもある。
　ある程度の規模の影響を持ったリスクの場合は、⑦の「リスクの保有」を選択するのは不適切であろう。残りの①から⑥の対応の中では、リスクの現実化

を防止して発生確率をゼロにする「リスクの回避」が、一見すると望ましいように思えるかもしれない。しかし、発生可能性が極めて低いリスクに対してまで、高額なコストをかけて対応することは現実的ではない。また、前述の通り、リスクをゼロにするために事業や活動から撤退すれば、そこから得られるはずのリターンも消滅することになる。そもそも企業活動とは、資本を投下して何らかの事業や活動を行って利潤をあげようとする行為なのであるから、あまりにも過敏になって全てのリスクを忌避しようとするのは適切ではない。

そのため、実務的な対応としては②から⑤のリスクの最適化が選択されることが多くなるのだが、その場合は、発生確率と現実化した場合の影響を正確に評価する必要がある。

そこで、「リスク評価」のプロセスで、発生可能性と対応コスト、ステークホルダーへの影響などに鑑みて、特定されたリスクのそれぞれにどのような対応を実施するのかを選択することになる。

ちなみに、JISが例示するリスク対応の手法は上述のとおりだが、リスク対応については、それ以外の基準（例えば、プロジェクトマネジメントの国際標準である『プロジェクトマネジメント知識体系ガイド』[1]など）の定義が用いられることもある。個々の企業組織が採用しているリスクに対する考え方やリスク対応の手法については、JISとは若干異なる尺度・基準が提唱されている場合もあるので、その違いに注意する必要がある。

10.3. デジタルコンテンツアセッサにおけるリスクマネジメントの実務

デジタルコンテンツアセッサは、企業組織がリスクに対する態度を決定するために、企業組織が発信する情報やデジタルコンテンツの維持管理と、運営管理するサーバーのリスクアセスメント業務を行う。

---

[1] Project Management Institute (2013) A Guide to the Project Management Body of Knowledge.（邦訳：プロジェクトマネジメント協会(2013)『プロジェクトマネジメント知識体系ガイド：PMBOKガイド』、第5版）

デジタルコンテンツアセッサが行うリスクアセスメントも、リスク特定、リスク分析、リスク評価の三つのプロセスの要素が必要である。デジタルコンテンツのリスク特定とは、発信するコンテンツに潜在するリスクを発見・認識して、これを特定するプロセスである（詳しくは12章、13章参照）。同時に、運営管理するウェブサーバーそのものに法令違反リスクが存在しないかを特定するプロセスも実施する必要がある（詳しくは14章参照）。これらは、一般的なリスク特定と同様に、リスク源、事象、原因と起こりうる結果の特定が含まれることはいうまでもない。

とくにソーシャルメディアで発信されるデジタルコンテンツのリスク特定では、レピュテーションリスクを考慮して、ソーシャルメディアの発言データ、サーバーへのアクセス分析、検索サービスのホットワード分析を含める必要が生じる場合がある。リスク分析のプロセスでは、とくにこうしたレピュテーションリスクが企業組織に与える影響力を過小評価しないよう算定しなければならない（詳しくは15章参照）。

デジタルコンテンツのリスク対応は、特に迅速性が要求される。そのため、インシデント対応にはリスク源を除去することよりも、企業組織のリスクに対する態度を公表するリスクコミュニケーションを最優先すべき局面が多い。これを、従来のリスクマネジメント同様に時間をかけて対応してしまうと、企業組織の評判を悪化させ新たなリスクを生み出すことも多い。

そのためDCAは、デジタルコンテンツのリスクマネジメントの管理策の参考とするために、リスクを修正する標準的な方法を理解するように政府や業界団体の情報提供、ソフトメーカーから提供される技術的な対策など、実務上で得られるさまざまな情報を収集しておくべきである。そして、日頃からそうした情報から管理策を検討して備えておき、いざリスクが顕在化した場合には迅速に対応できるようにする必要がある。

まとめ

DCAは、企業組織が運用するインターネットコンテンツに関するリスクを統合的に運用管理することが期待される。けれども、企業組織が発信するインターネットコンテンツは部門を横断して運用されているケースもあり、管理権限や責任が明確でないということも珍しくない。

DCAのリスクマネジメントを効果的なものにするためには、JIS の原則を参

考にしてリスクの運用管理のためのプロセスを構築することで、すでに企業組織が実施しているリスクマネジメントの運用管理、報告プロセス、方針、価値観ならびに文化に統合することが容易となろう。

第11章

デジタルコンテンツの評価と違法・有害情報の規制

本章のあらまし

　インターネットは、不特定多数の人々に文章や写真、動画などを日常的に簡潔に発信できる環境を実現した。一人ひとりが情報発信者となる今、どのような基準で判断し、自主規制していくのかが世界中で大きな課題となっている。ネットの進化は加速度を増しており、その速度に追いつこうと、各国で様々な団体が協議をし、提案をし、それぞれの行動計画等が進行中である。違法・有害情報の流通、権利侵害問題、プライバシー保護の問題に対して各国はどのような対策を講じているのか。本章では世界の国々の状況と違いを学び、世界の状況から日本の状況を考察し学習していく。

本章の学習目標

・世界の主要国におけるインターネット上の違法・有害情報への規制（自主規制等を含む）の状況を概観し、国ごとに規制の状況が異なることを理解する。

・世界の主要国において、言論・表現・出版の自由との兼ね合いでコンテンツに対する規制制度が検討・導入されてきたという経緯を理解する。

・日本における違法・有害情報の規制（自主規制等を含む）の状況を理解し、他の国々との間の相違点をおさえる。

・日本人同士が日本国内で情報通信をする場合であっても、海外の法規制・自主規制の影響を受けることがありうることを理解する。

11.1. 各国の違法・有害情報の規制とレイティング

　インターネットは国境を越えてコンテンツの配信、コミュニケーションが可能であるが、現在では世界共通の基準や規制があるわけではなく、あくまで自由な空間であり、自己責任の上で参加をするということが前提となっている。しかし、各国にはその国独自の法律があり、文化があるので、同じコンテンツでも、ある国では問題がなくても他の国では違法行為となることもある。世界に配信するコンテンツ事業者はその国の法律、規制に従うことが基本である。また、世界では既存のメディアが構築してきた倫理規定等を参考に、様々な団体がレイティング基準を作り、業界団体も自主規制として違法・有害情報の規制を行っている。

　本節では、アメリカ、イギリス、ドイツ、EU、韓国の例を取り上げるが、法律や制度などを含めて状況は刻々と変化しうるので、実際に海外サイトのiコンプライアンスに従事するような場合には、各国の法律等の最新の状況を確認する必要がある。

11.1.1. アメリカの状況

　アメリカでは過去にいくつかのインターネット配信やコンテンツに関する法案があったが、憲法の出版・表現の自由に反するという理由で違憲判決が出ており、現在は法令や公的規制の基準などは存在しない。ただし、映画やゲームに関しては、業界による自主基準があり、この基準がインターネットのコンテンツにも適用されていた。この基準によりNPO（非営利活動法人）などによるウェブサイトのレイティングシステムが確立されていたが、現在はこのレイティングシステムは廃止された。

　携帯電話に関しては携帯電話事業者がガイドラインを定め、一般コンテンツと制限付きコンテンツに分類してコンテンツを提供している。最大手のAT&Tでは、保護者がコントロールできる機能を提供しており、コンテンツフィルター

でアクセス制限ができる。しかし、コミュニケーションなど、エンドユーザーがアップロードするコンテンツに関しては何も制限されていない。一般のエンドユーザーのコンテンツに関しては、莫大な数があるのでレイティングをすることは不可能とし、ユーザー同士がモニターをし、タグを付けるなどしてレイティングする仕組みが多くのウェブサイトで推奨されている。

　具体的には、アメリカの保護者団体によるものとしては、SafeSurfによるレイティングシステムがある[1]。

　また、首都ワシントンを拠点とする国際的な組織として、家族のオンライン安全機関（FOSI）[2] が存在している。この団体は、家庭におけるインターネットの安全な利用促進を目的に活動している団体で、アメリカ、イギリスの企業が参加している。インターネット、SNS、電話会社などの業界メンバーで構成されている。なお、インターネット以外のメディア、ゲームのレイティング基準としては、全米映画協会（MPAA）[3]、エンターテインメントソフトウェアレイティング委員会（ESRB）[4] などの基準がある。

　日本人ないし日本企業にとっては、日本と比べた場合のアメリカでの制度上の特徴や両国間の相違点をまず押さえておくべきであろうが、内閣府による調査研究[5]では、アメリカの青少年のインターネット利用環境（レイティング、ゾーニング）に関する民間機関の取組みや現時点における青少年のインターネット利用環境に関する民間団体の取組みの内容について、次のように指摘されている。すなわち、アメリカでは、基本的にはコンテンツをレイティングし、レイティングされたコンテンツをフィルタリングなどで排除するという仕組みを構築している。民間団体、保護者団体の活動が中心となっているというのも特徴の一つである。日本のような双方向のコミュニケーション機能に対しての対策、認定制度などの視点はないといえる。

1　同団体のウェブサイトは、次のとおり。http://www.safesurf.com　（access:2015年7月17日）
2　同団体のウェブサイトは、次のとおり。https://www.fosi.org/　（access:2015年7月17日）
3　同団体のウェブサイトは、次のとおり。http://www.mpaa.org/　（access:2015年7月17日）
4　同団体のウェブサイトは、次のとおり。http://www.esrb.org/　（access:2015年7月17日）
5　内閣府(2013)「インターネット上のレイティング・ゾーニングに関する青少年のインターネット環境整備状況等調査報告書」pp.32-52.

11.1.2. イギリスの状況

映画やビデオなどに関する法規制は存在するが、出版およびインターネットコンテンツについて法令による基準はない。

わいせつ物に関しては、「わいせつ出版法」によりわいせつ物を規定し、捜査当局がこれをもとに取り締まっている。プロバイダ業界はインターネット監視財団(IWF)[6]を設置し、国内なら警察へ、海外サイトなら国際刑事警察機構(INTERPOL)へ通報する。同時に、違法情報のリストを作成し、ISPはそのリストをもとに、アクセス制限やフィルタリングを行っている。

より包括的な青少年のインターネット利用に関する団体としては、英国青少年インターネット安全協議会(UKCCIS)[7]が挙げられる。UKCCISは、2008年に政府主導で設立された。「バイロン・レビュー(The Byron Reviews)」[8]をもとに、業界の自主規制とペアレンタルコントロールを推進しており、これに応ずる形で、プロバイダは「アクティブチョイス」というペアレントコントロールの仕組みを導入した。さらに、UKCCISは、業界の自主規制のためのガイドラインを策定している(ISPの行動規範や検索サービス、インタラクティブサービスなどのガイドライン)[9]。このように、UKCCISは、現在、イギリスの青少年によるインターネット利用に関連する活動の中核をなしている存在といえる。

11.1.3. ドイツの状況

ドイツでは、刑法で「わいせつ」が規定されている。青少年保護法及びテレメディア法により、禁止されている違法コンテンツを知らずに掲載していても、知りえた時点で速やかに対処すれば責任を負わない。しかしナチスに関する書き込みは、削除対象になっている。フィルタリングについては、利用者側が各自の

6　同団体のウェブサイトは、次のとおり。https://www.iwf.org.uk/　(access:2015年7月17日)

7　同団体のウェブサイトは、次のとおり。https://www.gov.uk/government/groups/uk-council-for-child-internet-safety-ukccis　(access:2015年7月17日)

8　2007年、当時の労働党政権がタニヤ・バイロン(Tanya Byron)教授に依頼して、青少年のインターネットやゲームの利用によるリスクの実態調査を実施した。「バイロン・レビュー」は、2008年に公表された同調査の報告書である。

9　ガイドラインの内容を日本語でまとめたものとしては、内閣府(2013)、前掲報告書、pp.109-112. (http://www8.cao.go.jp/youth/youth-harm/chousa/h24/net-rating/pdf/03_04.pdf) (access:2015年7月17日)

考えにより自己責任で行うべきものであるとされている。

　携帯電話に関しては、公式サイトのフィルタリングを行っており、ペアレンタルコントロールが可能となっている。ドイツには、「子供のためのインターネット」推進協議会により開発された「ホワイトリスト」による子供向けのプラットフォームが存在する。

11.1.4. EU（欧州連合）の状況

　EUでは、欧州委員会（EC）にてインターネットの安全利用を推進しており、加盟国への呼びかけも行っている。2000年5月の「電子商取引の法的側面に関するEU指令」により、刑事民事責任全般について、プロバイダ等の責任制限に関する規定を国内法において整備することが求められた。したがって、加盟国においては、準拠した法制が存在している。EUでは、Safer Internet2009-2013 という違法・有害コンテンツの抑制を目的とした行動計画が実施されている。そこでの有害コンテンツの定義は、「制作が許可されていながらも、その配信に制限があるコンテンツ（例えば成人向け）」で、フィルタリング、コンテンツレイティングなど、技術開発によって自己判断によりユーザー自らが有害コンテンツを拒否できる手段を与えることを各国に推奨している。

　また、2007年2月、主要な携帯電話事業者、コンテンツ事業者が「十代初めの若者や子供たちによるより安全な携帯電話利用に関する欧州枠組み」に関する合意書に調印した。27か国、24携帯電話事業者が署名した。

　2009年には欧州のウェブサービス会社17社がSNSにおいて18歳未満の利用者への安全性を改善することで合意し、署名した。その具体的な対応要求は、以下のとおりである。

- 1クリックで虐待を通報できるようなボタンをサイトに設ける
- 18歳未満のプロフィールはデフォルト非公開とし、検索ができないようにする
- プライバシー設定をしやすくする
- 年齢制限を徹底する
- いじめ撲滅キャンペーンを展開する

11.1.5. 韓国の状況

2007年に「情報通信利用促進および情報保護等に関する法律」改正法が施行され、サイト削除について情報通信部による行政"命令"が出せるように強化された。この改正により、対象者がISPだけではなく、掲示板の管理・運営者も含まれるようになった。なお、命令に従わない場合の罰則規定がある。違法・有害情報の発見は「サイバーパトロール」という市民団体によるモニタリング制度で行われている。

韓国には情報倫理委員会が提案、運営している「Safe Net」がレイティング基準を定めている。国内サイトはコンテンツプロバイダが自主的なセルフレイティングを行っている。

また、韓国では、携帯電話から一般のウェブサイトにアクセスできない。一部成人用の無線接続向けのサイトがあるが、韓国では携帯電話の購入時に住民登録番号を申告する必要があるために年齢詐称はできず、未成年者が成人向けサービスを受けることはできない仕組みとなっている。

11.2. 日本における経緯

各国の動向を踏まえると、日本は独自の展開をしていることが分かる。ここでは、日本の青少年インターネット環境整備法が策定された経緯と日本独自の仕組みを学んでいく。

11.2.1. 2007年・総務大臣要請・青少年の携帯電話におけるフィルタリング

日本では、1999年にNTTドコモのiモードがスタートし、携帯電話からのインターネット接続が可能となった。現在世界で普及しているスマートフォン以前の携帯電話から、青少年のインターネット接続による問題が認識され、総務省

および警察、業界団体、コンテンツ事業者は協議の場を持ち、多くの施策を展開してきた。2006年頃よりSNSの利用が高まり、青少年が多く利用するようになったが、不特定多数の利用者との接触によって、児童福祉法違反行為をはじめ様々な問題が現れ始めた。

2007年11月、総務大臣が携帯電話事業者に対して青少年の携帯電話にフィルタリングを提供するように要請し、各携帯電話事業者は、2008年2月、未成年者の携帯電話にデフォルトでフィルタリングを搭載し、SNSやコミュニケーション機能のアクセス制限を実施した。

11.2.2. 2008年4～5月・第三者機関の設立 EMA・I-ROI

携帯事業者のフィルタリングによるアクセス制限をうけ、業界団体では、コミュニティサイトをその監視体制によって区別するための認証制度を確立した。すなわち、バックヤードで監視し通報対応を行い、青少年が利用することを前提にサイト環境を整え、自主規制を行っているコミュニティサイトか、そういった管理を行っていないコミュニティサイトかを区別するようにしたのである。そして、監視体制を敷いているコミュニティサイトを認定し、認定されたサイトはフィルタリングのアクセス制限対象外とする仕組みを提案し、管理体制の審査基準を策定した。2008年4月には、コミュニティサイトを審査する第三者機関として、モバイルコンテンツ審査・運用監視機構（EMA）[10]が設立された。

一方、コンテンツレイティングの観点から、既存のコンテンツレイティングの手法ではなく、新しい仕組みを策定しようとする動きも出てきた。コンテンツレイティングの知識があり、自社のコンテンツレイティングが出来る人材を育成し、審査する仕組みを構築しようとする動きである。これを担うべく2008年5月に設立されたのが、インターネットコンテンツ審査監視機構（I-ROI）[11]である。両第三者機関の視点は、コンテンツレイティングと自己責任によるペアレンタルコントロールが主流の海外とは異なり、事業者の自主規制にまで踏み込んだ形となっている。こうした事業者の自主規制が実現しているというインターネット環境は、日本独自のものとなっている。

---

10 同団体のウェブサイトは、次のとおり。http://www.ema.or.jp/ （access:2015年7月17日）
11 同団体のウェブサイトは、次のとおり。http://www.i-roi.jp/ （access:2015年7月17日）

11.2.3. 2008年6月・青少年インターネット環境整備法の成立

　青少年インターネット環境整備法は、2008年6月に国会で成立、2009年4月1日から施行された法律である。総務大臣からのフィルタリング要請、携帯電話事業者によるコミュニティサイトアクセス制限、第三者機関設立という経緯を受けて制定されたものである。なお、同法については第3章で詳しく論じているので、ここでは概要のみ触れる。
　同法の目的は、1条に定められている。

青少年インターネット環境整備法1条
　この法律は、「インターネットにおいて青少年有害情報が多く流通している状況にかんがみ、青少年のインターネットを適切に活用する能力の習得に必要な措置を講ずるとともに、青少年有害情報フィルタリングソフトウェアの性能の向上及び利用の普及その他の青少年がインターネットを利用して青少年有害情報を閲覧する機会をできるだけ少なくするための措置等を講ずることにより、青少年が安全に安心してインターネットを利用できるようにして、青少年の権利の擁護に資することを目的とする」。

　同法では、保護者は青少年の携帯へフィルタリングを導入する義務を負い、他方、事業者は明らかに違法となる書き込み・コンテンツを削除する義務などを負うことが定められている。
　日本では同法が基礎となり、内閣府、総務省等の連携をもとに、安心安全ネットづくり促進協議会などで議論や研究が進められている。

11.2.4. 2008年10月・安心ネットづくり促進協議会（安心協）の設置

　安心ネットづくり促進協議会（安心協）[12]とは、民間主導のよりよいインターネット環境の実現を目標とし、産業界・教育者が集い、提案・協議する団体である。

12　同団体のウェブサイトは、次のとおり。http://www.good-net.jp/anshinkyo/　（access:2015年7月17日）

2008年10月に設立・2009年2月に正式発足し、様々な活動をしてきた。
この団体は、日本におけるインターネット啓発活動の中心的存在である。

11.2.5. インターネット環境の変化と今後の取組み

　日本では、早くから携帯電話による青少年のインターネット利用が進んでいた。SNSや大規模コミュニティサイトの利用増加も伴い、青少年が性犯罪の被害に遭う事件が頻発して社会問題化した。そして、国、警察、保護者団体、携帯電話事業者、業界団体が協議し、日本独自の解決法を編み出してきた。

　ところが、iPhoneが世界中でヒット商品となったことで、2012年を境にスマートフォンやタブレットが主流となった。現在、プラットフォーム提供者は、日本の携帯電話事業者や大手コミュニティサイトから、デバイスやOSを提供するグーグルやアップルといった海外企業に移行している。スマートフォンのアプリ市場は、そうした企業の本社のあるアメリカの考え方で運用されている。

　11.1で学んだように、アメリカではコンテンツレイティングの考え方が中心である。今後は、コンテンツをレイティングし、フィルタリングで排除するというアメリカ、ヨーロッパ型の手法が、世界のインターネットのルールとなる可能性も十分に考えられる。

　アップルはスマートフォンのアプリ市場において、アプリを独自のレイティング基準で審査している。アップルの場合は年齢別でレイティングをしているが、コミュニケーション機能については、日本のような自主規制の基準や仕組みがない。したがって、大規模サイトのコミュニケーション機能の監視や対応が一般的な日本の環境とは、大きなかい離が出てくる可能性がある。これに関して、EMAなどの第三者機関では、アップルとの情報交換を行うことによって、日本の青少年のインターネット環境の理解を促す協議の場を作る方向で動いているという。今後の動向が注目されるところであるが、その動向しだいでは、従来以上に海外の動向についても注意を払う必要が生じてくる可能性について認識しておくべきであろう。

　なお、グーグルについては、2015年5月より、グーグル独自のレイティングに

代わり、国際年齢レイティング連盟(IARC)[13]の基準を採用している。IARCはゲームやアプリの適正年齢の分類によるレイティングシステムを提供する国際的な機関であり、IARCの汎用レイティングとそれぞれの加盟団体のレイティングを採用している。

　2015年6月現在、日本からIARCに加盟しているレイティング機関がなく、欧州基準の汎用レイティングが適用されている。しかし、この汎用レイティングは日本のインターネット環境との齟齬が大きい。したがって、日本のレイティング機関もIARCに加盟して発言していくことで、IARCの汎用レイティングに日本の状況を反映させていくということも必要となってくるのではないかと考えられる。

---

[13] 同団体のウェブサイトは、次のとおり。https://www.globalratings.com/　(access:2015年7月17日)

第12章

違法・有害情報等のリスク対策と特定サーバー管理業務

本章のあらまし

　違法情報は、明らかに違法な情報をいう。一方、有害情報には、違法ではないが公序良俗に反する有害な情報、違法ではないが青少年に有害な情報などが含まれるが、有害であると感じる程度は受け取る側の感覚によっても異なり、法的な判断基準が確立されているわけではなかった。

　このうち青少年に有害な情報については、2008年に制定された青少年インターネット環境整備法によって、青少年有害情報として規定された。

　本章では、青少年インターネット環境整備法を概観しつつ、違法・有害情報等のリスク対策と特定サーバー管理業務について検討する。

本章の学習目標

・青少年インターネット環境整備法のあらましを説明できる（復習）。
・青少年インターネット環境整備法が特定サーバー管理者に求める対策について説明できる。
・違法・有害情報のリスクを説明できる。
・I-ROIの推奨する特定サーバー管理者に求められる対策の具体策を説明できる。

12.1. コンテンツの種類

　一口にコンテンツといっても、いろいろな種類のコンテンツが存在しうる。本章（本書）では、I-ROIが行っている分類を元に、大別して以下の三つの種類に分ける。

　一つは、固定された表現内容として発信される表現型である。二つ目は、ユーザーが文章、画像、映像など、様々なコンテンツを作成して、そのコンテンツを登録して発信する書込み型である。三つ目は、オンラインゲームでのチャットなど、ユーザーが主にコミュニケーションを目的とする参加型である。

　表現型のコンテンツは表現が固定されており、有害性の判断が比較的容易だが、書込み型や参加型のコンテンツでは表現が流動的であり、有害性の判断も表現型に比べて難しいことが多い。

　なお、参加型は、オンラインゲームのようにユーザー登録をしているか、コンテンツ内の参加者同士のチャットなどによるコミュニケーションが参加者以外からは見ることができず、検索サイト等でも検索の対象にならない点が書込み型とは異なる。

　そこで、本章では、主に表現型と書込み型について取り扱うこととする。ただし、近年のウェブサイトは、両者が混在したものもあるので、両者の対策を適宜応用していく必要がある。

　以前のインターネットコンテンツは、企業ページのように表現が固定的な表現型コンテンツと、掲示板サイトのように内容が頻繁に更新される書込み型コンテンツというように住み分けがされていた。ところが、現在のインターネットコンテンツは、企業ページ内に企業の公式SNSアカウントなどが組み込まれていたり、社長などの経営者のブログがリンクされていて、そのブログ内では書込みが可能になっていたりする場合があるなど、表現型と書込み型が混在したものも多くなっているのである。

12.2. 違法・有害情報のリスク

12.2.1. 違法・有害情報のリスク

特定サーバー管理者が違法・有害情報を放置した場合、法的・社会的責任を問われる可能性がある。特に殺人予告など、社会的に大きな問題となるような情報が掲載されると、アクセスが集中し、サーバーをはじめとするインターネットサービスを提供するための機器に大きな負荷がかかり、自社のサービス提供にも深刻な影響を及ぼす危険性もある。また、特定サーバー管理者が違法・有害情報と判断して削除した場合にも、表現の自由を侵害したとして責任を問われる可能性もある。

これらのリスクを踏まえ、事業者が新しくサービスを立ち上げるときには、必ず監視可能なバックヤードの監視ツールや通報機能の設置、体制などをはじめから考慮し、監視、書き込みのチェックなどができる仕組みを合わせて作っていくことが望まれる[1]。

12.2.2. 表現型コンテンツにおけるリスク

自社のサービスが幅広く、青少年による利用も含む場合は、青少年の健全な育成を阻害しうる有害な表現を避けなければならない。最近では多くのサービスが成人向けであるのか、青少年を含むものであるかによって、フィルタリングやレイティングされる機会が多くあり、サービスを展開する際には、方針をはっきりと決めておかなければならない。スマートフォンのアプリケーションストアであるグーグルやアップルでは、アプリケーションの審査を行っており、アップルでは未成年者の年齢によるレイティングを行っている。この動きに対応できるようにするため、自社のサービスが成人向けか青少年を含むかでコンテンツの有害成分の強度を判断出来る人材を育成するという仕組みが、I-ROIのコンテン

---

[1] 青少年インターネット環境の整備等に関する検討会(2015)「青少年インターネット環境の整備等に関する検討会報告書」(http://www8.cao.go.jp/youth/youth-harm/kentokai/pdf/houkokusyo.pdf) (access:2015年7月17日)

ツアセスメントの考え方である。

　参考までに年齢に基づくコンテンツのレイティングという考え方については、インターネットが登場する前から存在しており、映画[2]やゲーム[3]などでは、早い時期から基準を定めている。そうした基準の一部については、インターネットコンテンツのレイティングにも適用されている。

12.2.3. 書込み型コンテンツにおけるリスク

　不特定多数のユーザーからの書込みが可能なコミュニティ機能を有するSNSなどのコミュニティサイトでは、随時、違法・有害情報が発信されている可能性がある。特に規模の大きなコミュニティサイトでは、すべての書込みを管理してチェックすることは事実上不可能なので、違法・有害情報が発信されてから、特定サーバー管理者がその情報を確認して、対応を行うまでの間にタイムラグが発生し、その間、その違法・有害情報に多くのユーザーがアクセスできることになる。そのため、早期の発見と、そもそもそのような情報発信が行われないようにする対策を講じることが重要となる。

　また、個人のプライバシーに関わる情報についても注意が必要である。明らかに他者のプライバシーを侵害している場合は違法情報として対応することになるが、明確に個人を特定しているわけではないが、周辺情報を勘案すると特定の人物と推定可能な情報が発信された場合も、プライバシー保護の観点から問題となる。

---

[2] 映画倫理委員会 (http://www.eirin.jp/) (access:2015年7月17日)
[3] コンピュータエンターテインメントレーティング機構 (http://www.cero.gr.jp/rating.html) (access:2015年7月17日)

12.3. 特定サーバーの管理業務

12.3.1. 青少年インターネット環境整備法の概観

①青少年と青少年有害情報

　青少年インターネット環境整備法において「青少年」とは、18歳に満たない者をいい（2条1項）、「青少年有害情報」とは、インターネットを利用して公衆の閲覧（視聴を含む。以下同じ。）に供されている情報であって、「青少年の健全な成長を著しく阻害するものをいう」（2条3項）。

　そして、青少年有害情報として、2条4項で次の三つが例示されている。

1. 犯罪若しくは刑罰法令に触れる行為を直接的かつ明示的に請け負い、仲介し、若しくは誘引し、又は自殺を直接的かつ明示的に誘引する情報（2条4項1号）。
2. 人の性行為又は性器等のわいせつな描写その他の著しく性欲を興奮させ又は刺激する情報（2条4項2号）。
3. 殺人、処刑、虐待等の場面の陰惨な描写その他の著しく残虐な内容の情報（2条4項3号）。

これらはあくまで例示であり、I-ROIでは特定サーバー管理者が青少年有害情報を自ら定義して運用することを推奨している。

②青少年インターネット環境整備法の規定する関係者の役割と責務

　青少年インターネット環境整備法では、インターネット接続役務提供事業者（2条6項）、携帯電話インターネット接続役務提供事業者（2条8項）、特定サーバー管理者（2条11項）、インターネットと接続する機能を有する機器の製造事業者（19条）を関係者として定義している。そして、インターネット接続役務提供事業者（いわゆるプロバイダー）には、原則として利用者の求めに応じて、フィルタリング・ソフトウェアやサービスを提供する義務（18条）を、携帯電話インターネット接続役務提供事業者には、保護者が利用しない旨を申し出ない限り、青少年にフィルタリングサービスを提供する義務（17条）を、特定サーバー管理者には、青少年が有害情報を閲覧できないようにするための措置を実施する努

力義務（21条）を、インターネットと接続する機能を有する機器の製造業者には、その機器を販売する際に青少年有害情報フィルタリングソフトをインストールすること（19条）を課すことで、青少年が有害情報に接しない仕組みを目指している。本章では、特定サーバー管理者を取り上げる。

また、特定サーバー管理者には21条の他に、青少年有害情報に対する対抗策として、国民からの連絡を受けるための体制を整備する努力義務（22条）、青少年閲覧防止措置をとった場合は、その記録を保持する努力義務（23条）が課されている。

なお、特定サーバー管理者とは、インターネットを利用した公衆による情報の閲覧の用に供されるサーバー（「特定サーバー」）を用いて、他人の求めに応じてインターネットを利用して情報を公衆による閲覧ができる状態に置き、これに閲覧をさせる役務を提供する者（2条11項）であり、インターネット上でサービスを提供するほとんどすべての事業者が該当する。

③青少年インターネット環境整備法が特定サーバー管理者に求めている対策

■有害情報の閲覧防止措置（21条）と記録の作成および保存（23条）

青少年が利用する可能性のあるコンテンツを提供している特定サーバー管理者は、青少年インターネット環境整備法21条の規定により、自社の管理するサーバー内のコンテンツについて、そのコンテンツが自社で作成したものか否かを問わず、有害情報の閲覧防止措置を講じることが求められる。特に書き込み型コンテンツや参加型コンテンツの場合、利用者が発信したコンテンツが青少年有害情報に該当するか否かについて、定期的かつ継続的に監視し、適切な閲覧防止措置を行う必要がある。

特定サーバー管理者が閲覧防止措置を行った場合は記録を作成し、その記録を保存することが求められている。

ただし、この条文は、努力義務である。

■国民からの連絡の受付（22条）

自社のインターネットサービス上に書き込まれた違法・有害情報に対しては迅速に対応する必要がある。その意味でユーザーからの通報も有効であり、実際、違法・有害情報の早期発見に繋がるケースも多い。また、通報機能があるこ

とにより、違法・有害情報を掲載しにくくする抑止効果も期待できる。
ただし、この条文は、努力義務である。

■関係事業者による啓発活動（16条）
関係事業者には、その事業等の特性に応じ、インターネットの適切な利用に関する啓発活動及びフィルタリングの利用促進啓発を行う努力義務が課されている。「その事業等の特性に応じ」とは、インターネットには多種多様な関係事業者が関わることから、画一的な啓発活動ではなく、それぞれの立場に応じた柔軟な啓発活動が期待されている趣旨である。
ただし、この条文は、努力義務である。

12.3.2. 表現型コンテンツの具体的な対策

特定サーバー管理者の実務では、具体的にどのようなことが行われているのだろうか。ここでは、I-ROIの推奨する対策を紹介する。

①閲覧防止措置の具体策その1
（組織における意思決定プロセスの整備）

特定サーバー管理者は、提供するコンテンツに責任を持つ必要がある。そのため、青少年有害情報の発信などの問題の発生を抑制し、もし問題が発生した場合には速やかに対応できる運営管理体制が求められる。

青少年インターネット環境整備法では、閲覧防止措置の実施が要求されているが、運用中のサイトに閲覧防止措置を実施するには、組織の意思決定プロセスが明確にされていなければならない。そのためには、自社のコンテンツの内容と状態を把握し、青少年インターネット環境整備法等で求められる内容を把握し、自社コンテンツの適合状態を評価することが有効である。なお、後述する廃棄ドメインの管理の事例などは、組織体制に問題があった例として考えることもできる。

もし、インシデント（問題事案）が発生した場合には、コンテンツの削除やサービスの一時停止、経過報告などを行う必要があるが、実際には現場の判断だけで対処することは難しいため、組織としてどのような判断を行い、どのように対応するかというプロセスも整備しておかねばならない。

このような意思決定プロセスをI-ROIではiコンプライアンス・プログラム（iCP）と呼んでおり、iCPを有効に実施できる体制を整備する必要がある。iCPについては第13章で解説する。

②閲覧防止措置の具体策その２
（サイトマップの作成、リンク先と廃棄ドメインの管理）

　サイトの管理を実施するためには、まず担当者を決め、管理対象と範囲を明確化するためサイトマップを作成する。また、自社以外のウェブサイトにリンクする場合は、リンク先のコンテンツにも注意を払い、不適切な外部リンクは削除する。以下に紹介する廃棄ドメインの事例では、ドメインの所有者変更により、この外部リンクが不適切な内容に変更されたために発生したインシデント（問題事案）であるといえる。

　担当者を決め、サイトマップを作成し、リンク先を適切に管理することは、特定サーバー管理者が管理するコンテンツを特定し、責任範囲を明確化することにも繋がる。

自社のコンテンツのリスク（廃棄ドメインの管理に問題があった事例）

　A社とB社は家庭用ゲームを開発する企業であり、それぞれの内部規則に従って、過去の作品を管理していた。A社の内部規則では、自社が開発したゲームタイトルのインターネットドメインを保持し続けるとしていた。それに対してB社は、ゲームタイトルの販売終了から一定の期間を経た後は、そのゲームタイトルのドメインを更新しないこととしていた。

　○○○.com などで表示されるドメインは期限があり、定められた契約年数を経ると更新か終了かを選択する必要があり、契約を継続する場合は当然ながら費用が発生する。

　そのようなA社とB社が、ある日、合併してC社となった。C社は、ゲームタイトルのドメイン管理の方針として、B社の内部規則を採用した。その結果、C社となった後の旧A社のゲームタイトルも、販売終了後、一定期間後にはドメインが更新されなくなった。

　契約が更新されなかったドメインは、契約終了後、誰でも自由に取得することができる。旧A社のある作品のドメインも、契約終了により、C社とは無関係の第三者が新たな所有者となった。

新たなドメイン所有者はアダルトサイトの事業者であり、そのゲームタイトルと同じ名称のドメインを自社のアダルトサイトに関連づけたため、旧A社のユーザーがそのゲームタイトルを検索した際にアダルトサイトに飛ばされてしまう事例が発生したのである。そのため、C社のゲームタイトルの管理、ひいてはC社自身のブランド管理方針そのものが問われることとなった事例である。
　ここで注意する必要があるのは、アダルト事業者が乗っ取りのような違法やアンフェアな方法でドメインを取得したわけではないという点である。アダルト事業者は、契約の終了したドメインを合法的かつ正式な手続きで取得したため、その点については問題がない。
　ゲームタイトルをアダルトサイトに関連付けて、ゲームタイトルのブランドを利用して自社のアダルトサイトにユーザーを誘引した手法については、倫理的な面からは非難される可能性もあるが、この問題の本質は、C社（合併前のB社）の作品管理、ブランド管理の社内体制に問題があったという点とリンク先の管理に不備があったことである。

③閲覧防止措置の具体策その3
（健全性の検証、モニタリング、コントロール）

　次にiCPに基づいて、定期的にコンテンツのセルフレイティングを行い、常に健全性を検証し続ける必要がある。レイティングとは、インターネットコンテンツに含まれる有害成分を一定の基準に基づいて段階的に格付けをすることである。レイティングにより、情報発信者はその情報をふさわしい対象者に向けて情報を発信することが可能になり、情報利用者は適切な情報を選別することができるようになる。セルフレイティングとは、情報発信者が自らのコンテンツに対してレイティングするシステムである。I-ROIの推奨するセルフレイティングについては、第13章で説明する。
　セルフレイティングの一環として、自社の管理するサイトに有害成分を有すると考えられる情報がないかをモニタリング（監視）する。どの程度の強度でモニタリングを実施するかについては、特定サーバ管理者それぞれのiCPによって計画的に行う。
　実務では、自社でモニタリング体制を構築して実行している場合と、モニタリング事業者に業務委託する場合とがある。日本には、書き込み型コンテンツのモニタリングサービスを提供する事業者が多数存在しており、各事業者は日々

の業務を通じてモニタリング体制やモニタリングツールの改良を図り、ノウハウを積み重ねている。SNSなど大規模なコミュニティサイトでは、1日に何百万件もある書き込みすべてを目視で確認することは不可能なので、有害と考えられるワードを自動検索システムで絞り込み、絞り込まれた内容を目視で確認する手法が一般的である。

　上記のような手法で有害情報の発信のリスクが認められた場合には、閲覧防止措置の実施などのコントロールを行う。どのようなコントロールを実施するかは、特定サーバー管理者それぞれのiCPによるが、I-ROIでは、セルフレイティングによるチェックと外部リンクの確認などの管理対象コンテンツの明確化を推奨している。

④国民からの連絡の受付の具体策（ホットラインの開設）

　I-ROIでは、国民からの連絡の受付の具体策として、ホットラインなどの窓口を開設することを推奨している。ホットラインを開設する際は、ユーザーからの通報を受ける手続きを確立し、通報の記録を保管する必要がある。なお、他の制度で別の通報手段がすでに用意されているような場合は、これらと統合して運用することも考えられる。

⑤関係事業者による啓発活動の具体策
　（インターネットリテラシーの向上と教材提供）

　特定サーバー管理者の業務としては、ユーザーが情報発信者としてどのようなリスクであるのか、どのようなことが禁止されているのかなど、インターネットを適切に利用する能力を身につける機会を創出していくことが、長期的な視点からは重要である。なぜなら、自己責任が前提となるインターネットの中で、情報発信者としてのリスクを啓蒙することで、未然に違法・有害情報の発信を予防することにつながる可能性があるからである。また、違法・有害情報の発信だけでなく、被害の予防にも効果が期待できるので、青少年に限らず、ユーザーのインターネットリテラシー向上は健全なサービスの運営につながる可能性がある。そのため、ウェブサイト上でリテラシー教材を提供したり、自社で教材を提供しない場合も関係機関の開発した教材へのリンクを用意したりすることが重要である。

12.3.3. 書込み型コンテンツの具体的対策

コミュニティ機能を有するサイトに違法・有害情報が掲載されることによるリスクを避けるためには、次のような運用と対策が必要となる。

①閲覧防止措置の具体策その１（社内の体制について）

SNSやコミュニティサイトを運営していく上で違法・有害情報の掲載を防ぎ、健全に運営をしていくには、経営層も含めた認識が必要となる。カスタマーサポートからの運用状況、報告等を経営層が受け、運営方針として現場と経営層が、相互理解していくことも重要なポイントである。

②閲覧防止措置の具体策その２（書込みの監視）

SNSやコミュニティサイトの場合、ユーザーの書込みを事前チェックするところは少なく、ほとんどが掲載されてから事後のチェックとなる。したがって、どのように優れた監視方法でも、必ず発見するまでの間に時間差が発生する。なるべく早期の発見をするために、サービスの監視体制や監視ツールの改良を図り、ノウハウを積み重ねる努力をしていくことが重要である。日本では監視サービスを提供する監視事業者が多く存在しているので、自社のみでの監視体制としているところと、監視事業者へ業務委託する場合とがある。1日何万件、大きいサイトでは何百万件とある書込みをすべて目視していくことは不可能であるので、システムで危険なワードが掲載されている書込みを検索し、そうして絞り込まれた書込みを人的に目視するという監視手法が一般的である。

③国民からの連絡の受付の具体策（通報機能の整備）

書込みのチェックのほかに、閲覧しているユーザーに通報をしてもらうことにより、違法・有害情報が早く発見されるケースも多い。そのため、通報をしやすいように通報窓口を充実させることも重要な要素となる。通報からの情報は有効であり、通報機能があることにより、違法・有害情報を掲載しにくくする抑止効果も見込まれる。

④関係事業者による啓発活動の具体策（ユーザーへの啓発活動）

何がリスクであるのか、何が禁止事項であるのかを情報発信者たるユーザー

に分かるように啓発するために、ユーザー自らが学習できる啓発コンテンツを掲載することも大変重要である。自己責任が問われるインターネットの中で、情報発信者となることのリスクを教育啓発することが、未然に有害情報が掲載されるのを防いでいく。同時に、こうした啓発活動は、ユーザーが被害に遭うことも未然に防ぐことにもなる。このように、ユーザーのインターネットリテラシーを上げることが、ひいては健全なSNS、コミュニティサイトの運営につながる。

⑤コミュニティ機能を有する場合の個人情報保護違反に対する対策

明らかに個人情報保護違反の場合は、当然のこととして、違法情報として対応を行うこととなる。また、はっきりと個人が特定されないものの、周辺情報を合わせるとその人と推測できうる情報が掲載されたといったような場合にも、個人情報保護違反となりうるので対応を行うことになる。権利侵害であるか否かの法的な判断を事業者がすることはできないが、プロバイダ責任制限法の民間ガイドラインを踏まえ、対応のフローを作っておくことが望ましい。

⑥判断基準の作成、ペナルティの整備

違法情報は、法に反する行為であり、判断する際には法的に明確なラインが引きやすい。しかし、有害情報に関しては、法的な定義ができないため、ユーザーとの契約関係、具体的にはサービスの利用規約によって定めることになる。したがって、利用規約の免責や禁止事項は、大変重要である。有害情報や青少年の健全育成を阻害する情報については、明確に禁止事項とすることが望ましい。この利用規約についても、業界のガイドラインが作成されている。

また、サービス内の判断基準はこの利用規約に照らし合わせて作成されるが、判断基準と共に、どのようなペナルティを定めるのかもポイントとなる。利用規約違反を繰り返した場合に、利用停止やID削除などを定め、運用していくことが効果的である。

12.4. 第三者機関を利用した自主規制

　インターネットの有害情報のコントロールに第三者機関が登場した背景には、できるだけ公平中立な視点からの基準を策定し、これを用いてコンテンツの健全性を客観的かつ透明性のある方法で評価することが望ましいという社会的要請がある。

12.4.1. 第三者機関の役割

　第三者機関によるインターネットの有害情報のコントロールには、有害性を認定する仕組みの透明性と公正性の確保、健全性認定基準の設定、認定業務などの役割が期待されており、インターネット利用環境整備に向けた民間の自主的な取組みが促進されることが期待されている。こうしたインターネットの有害情報を客観的に判定する第三者機関を通じて、青少年への有害情報の閲覧機会が最小化され、インターネット利用者が安心してインターネットを利用できる客観的な判断基準が提供される。事業者にとっては、民間による主体的かつ自律的な取り組みが実施されることで、政府の関与が最小限にとどめられ、自由な表現に基づく作品制作や事業活動の機会が確保されるようになる。すなわち、経済活動への過度な萎縮が発生しない環境を整えることが可能になるのである。

12.4.2. コンテンツ事業者やサイト運営者に求められること

　今後も拡大・発展することが予測されるコンテンツ産業において、コンテンツ事業者やサイト運営者は、利用者の安全安心を確保しつつビジネスを展開することが求められる。特に、企業の社会的責任 (CSR: corporate social responsibility) の観点からも、青少年をはじめとするインターネットユーザーを取り巻く諸問題、特に有害情報に対して、自社の管理するコンテンツの健全性を維持することが期待されている。

12.4.3. 主に表現型コンテンツを評価する第三者機関（I-ROI）

　I-ROIでは、iコンプライアンスの理念の下、自社の提供しているコンテンツの表現にどのような有害成分が含まれているか、その強度はどれくらいか、社会通念上認められるかを、その企業自身でチェックするセルフレイティングの基準を提供している。このセルフレイティングは、情報発信者と情報利用者との良好な関係構築を目指すものである。

12.4.4. 主に書込み型コンテンツを評価する第三者機関（EMA）

　スマートフォンが普及した現在においては、多くのウェブコンテンツをスマートフォンで閲覧することが可能である。だが、スマートフォンが普及する以前、携帯電話が主流であった時代には、携帯電話用コンテンツはウェブコンテンツとは異なる記述方式で構成されており、さらに携帯電話事業者ごとにその記述方式も異なっていた。また、携帯電話事業者の提供するポータルサイトから各種コンテンツにリンクされていたため、携帯電話用コンテンツの事業者は、携帯電話事業者に自社のコンテンツを登録して申請する必要があった（携帯電話事業者に登録されなければ、利用者がURLを直接入力したり、QRコードを読み取ったりしなければならなかった）。

　携帯電話用コンテンツの事業者が自社のコンテンツを携帯電話事業者に登録を申請するための基準を提供し、認定を行うために発足したのが、EMAという第三者機関である。EMAで認定されたコンテンツのみが、携帯電話事業者のホワイトリストに登録され、ポータルサイトからリンクされることになるため、コンテンツ事業者は自ずとEMAの基準に沿ったコンテンツを作成することになる。

　EMAでは、インターネットの安心安全な利用環境の創出に向けて様々な取り組みを行っている。そうした取り組みの一つに、EMAでは、書込み型コンテンツや参加型コンテンツに違法・有害情報が含まれていないかを保証する仕組みとして、サービスの運用レベルでの監査を行っている。例えば、自社で提供するサービスを運用するにあたって、監視員を何人配置するか、何時間おきにチェッ

クしているか等について、実際にEMAの審査員が運用の現場を監査して評価するといった活動も行っている[4]。

---

4 EMAの活動の概要については、EMAのウェブサイト (https://www.ema.or.jp/press/2014/1208_01.pdf) (access:2015年7月17日)で確認できる。ちなみに、現在においては、スマートフォンの普及という社会的変化に対応して、活動の範囲を携帯電話用のコンテンツに限定することなく、PCなどでの閲覧を想定して制作された一般のインターネットのウェブサイトや、スマートフォンのアプリケーションにも範囲を広げている。

第13章

有害情報コントロールの実務

本章のあらまし

　前章では、違法・有害情報のリスク対策について俯瞰したが、そのうち違法情報については次章で詳述することとし、本章では、有害情報のコントロールの実務について解説する。

　インターネットの発達に伴い、インターネットユーザーは、PC、携帯電話、ゲーム機などを通じて、望むと望まざるとに拘わらず、容易に様々な違法・有害情報にアクセスできるようになった。違法情報の取締りは政府が対応するが、有害情報への対応は政府主導で行うことが困難である。なぜなら、違法情報とは異なり、有害情報は何をもって有害とするのかという判断基準が、判断する人や時代、文化的背景などによって異なる可能性があるからである。

　本章では、有害情報をコントロールする手法にはどのようなものがあるのか、I-ROIが推奨するセルフレイティング（セルフアセスメント）の仕組みとは何かについて説明する。

本章の学習目標
- 有害情報をコントロールする仕組みについて説明できるようになる。
- I-ROIの推奨するセルフレイティング（セルフアセスメント）の仕組みについて説明できるようになる。

13.1. 有害情報コントロールの仕組み

インターネットユーザーは、ある特定のコンテンツにアクセスすることで、そのコンテンツが有害であるか否かを判断する事になる。つまり、事前にそのコンテンツが有害であるか否かを判断することは難しいのが現状である。では、特定サーバー管理者として、有害情報を見たくないユーザーのために、どのような仕組みを提供できるだろうか。ここでは、有害コンテンツをコントロールする仕組みについて説明する。

13.1.1. ブロッキング

ブロッキングとは、特定のIPアドレスのインターネットサービスに接続できないようにISP（Internet Service Provider）レベルでブロックすることである。一部の国では国家レベルで採用されている。

ブロッキングは、IPアドレスを対象に行われるため、例えば、レンタルサーバーのように、1つのIPアドレスで複数のサービスが提供されているような場合、自己のコンテンツに違法・有害情報がなくても、サーバーを共有している別のユーザーが違法・有害情報を発信してブロッキングの対象になると、同じIPアドレスのサーバーを利用している自己のサービスもブロッキングの対象になってしまうという問題点がある。

13.1.2. フィルタリング

フィルタリングとは、対象となるコンテンツを一定の基準で評価し、違法もしくは有害情報と判断されたコンテンツを選択的に排除することである。例えば、掲示板にNGワードが書き込まれ、常態的に違法・有害情報が設置されていると判断された場合に削除対象になるといったようなことである。

フィルタリングによって有害と判断されたサービスをリスト化し、このリストに記載されたサービスへのアクセスを制限する方式をブラックリスト方式といい、

有害ではなく安全であると判断されたサービスをリスト化する方式をホワイトリスト方式という。

ブラックリスト方式で注意すべきは、規制がなされるのがドメイン単位であり、個々のコンテンツ単位ではないという点である。前章で触れたように、インターネットコンテンツは、表現型、書込み型、参加型に分類されるが、書込み型や参加型で不適切な発言が多く発信されるような場合には、そのサービスそのものがブラックリストの対象になる可能性があるという問題点がある。

13.1.3. ラベリング

ラベリングとは、対象となるコンテンツに有害成分が含まれるか否かを判断することである。有害成分の有無のみを判断するので、評価者の主観が入り込む余地を小さくすることができる。だが、最近では、ラベリングに関して、世界規模の大型SNSにおいて、育児のため授乳する母親の写真がラベリングの対象になるなど、一般的な常識では違和感を伴う判定が行われるという問題点もある。有害成分とは何かについては後述する。

13.1.4. レイティング

レイティングとは、対象となるコンテンツに、ある成分がどのぐらいの強度で含まれているかについて、一定の基準に基づいて段階的な評価を行うことである。レイティングによって、情報発信者は対象者にふさわしい情報を発信することができ、情報利用者は自己に適切な情報を選別しやすくなる。

一般的にレイティングで最も馴染み深いのは年齢レイティングであり、インターネットの登場以前から、主に映画やビデオ、成人向け書籍の販売などで用いられてきた。18歳未満禁止のように、一定の年齢に達していない者にコンテンツを提供しないという意味で、レイティングは流通のコントロールに利用されている。

レイティングには、セルフレイティングとサードパーティレイティング（第三者レイティング）とがある。セルフレイティングとは、情報発信者が自己の管理するコンテンツに対して、自らレイティングを行うことである。セルフレイティングのメリットは、情報提供者の表現の自由を最大限に尊重できる点である。

サードパーティレイティングとは、情報発信者以外の第三者が情報発信者のコンテンツに対して、レイティングを行うことである。ただし、サードパーティレイティングであっても、レイティングを行う第三者の価値判断が入り込む余地があり、恣意性や透明性の面で問題が生じる可能性は排除しきれない。

セルフレイティングかサードパーティレイティングかに拘わらず、レイティング、特にインターネットでのレイティングでは以下のような問題点がある。

まず、コンテンツの内容の変更が容易であるという点である。これまでは有体物に情報を固定させる必要があったため（例えば、書籍なら紙にインクを使って印刷する）、評価後の内容の変更は難しかったが、インターネットでは情報を有体物に固定する必要がないため、評価後にコンテンツの内容をより過激なものに変更することが容易になったのである。

次に、インタラクティブ性（双方向性）である。例えば、オンラインゲームで、何らかの状況下において、何かが契機（トリガー）となってイベントが発生するような場合、評価者がその全ての分岐をたどって一つひとつのコンテンツを確かめていくということは、事実上不可能である。

13.1.5. ゾーニング

ゾーニングとは、特別な区画（ゾーン）を設け、特定の者以外の入場や購入を制限することである。成人映画の対象年齢以下の入場制限や、成年向けの出版物やレンタルビデオ等の販売を店舗内の限られたエリアに限定するなどの措置がこれにあたる。

ブロッキングやフィルタリングは主にISP（Internet Service Provider）が、ラベリングやレイティングは主にコンテンツプロバイダ（出版社等）が行っており、エンドユーザーからは自分が閲覧しているコンテンツがコントロールされた結果なのか、コントロールされていないのか、明確に判別することはできない。しかし、ゾーニングはエンドユーザーからコントロールの有無が明確に判別可能である。

インターネットでのゾーニングは、成年向けコンテンツだけでなく、明確に子供向けと分かるコンテンツや、会員しかログインできない会員限定サービスなどもゾーニングされたコンテンツと考えることができる。ユーザーは、ゾーニング

によって自主的かつ能動的にコンテンツを選択することができるようになる。そして、特定サーバー管理者としては、見たくないユーザーが多数存在すると考えられるコンテンツには、あらかじめゾーニングの手法を用いてコントロールすることが望ましいといえる。

13.2. 有害情報コントロールの事例研究（書籍出版との比較）

　出版社Aは、ある作家の小説を出版しており、これを携帯電話用サイトでも配信しようと企画した。携帯電話事業者Bはこのコンテンツの配信を認めたが、携帯電話事業者Cはこれを拒否した。

　この作品は、いわゆるボーイズラブ（Boys Love：通称BL）と呼ばれるジャンルであり、男性同士の性愛を描いた女性向けの内容だった。なお、出版社Aが携帯電話事業者BとCに配信を依頼したデータは同じであり、どちらかに表現の修正等を行うようなことはしていなかった。

　なぜ同じコンテンツが携帯電話事業者ごとに異なる扱いを受けたのだろうか。上記で取り上げたコントロール手法の視点から説明する。

　まず、作家と出版社（編集部）は、書籍を出版する前の執筆打合せの段階で、この作品の対象読者は誰か、何歳くらいの読者を対象としているのかについて検討する。あまりに過激すぎる内容だと違法と判断されて出版後に回収される可能性があり、また、有害の程度によってはゾーニングの対象となって、販売できる範囲が限定されてしまうことも考えられるからである。この段階で作者や出版社が行う自主規制がラベリングとレイティングである。

　インターネットの登場以前であれば、作者と出版社は上記のような自主規制を行った上で作品を制作し、出版することができた。しかし、インターネット上での配信が可能になると、関係者にISP（Internet Service Provider）が加わることになる。ISPでは、主にブロッキングやラベリング、フィルタリングを行っている。

　実務では、ISPはラベリングやフィルタリングの基礎となるネットスラングなど

の情報を日々更新している事業者から購入し、その情報を基にそれぞれのISP独自のラベリングやフィルタリングの基準を設定している。そして有害情報を発信するユーザーは、日々このようなラベリングやフィルタリングの規制を回避すべく新しいネットスラングなどを発案するため、イタチごっこの状態にとなっている。そのような状況でISPがラベリングやフィルタリングの基準を外部に公開することは、日々の業務が無意味になってしまうため、自ずと非公開となってしまい、ISPごとに異なる基準で判断されることになる。その意味で、有害性の根拠や判断基準の客観性に問題があるともいえる。

　この事例では、ラベリングの項目として、同性愛表現をBでは文化風俗と捉えて配信を認め、Cでは異常性愛として配信を認めなかったために、同じ作品でありながら、結果的に携帯電話事業者ごとに異なる対応になったのである。

13.3. 第三者機関が定めた基準を用いたセルフレイティング（セルフアセスメント）の仕組み（I-ROIの例）

　I-ROI（インターネットコンテンツ審査監視機構）では、iコンプライアンスの理念の下、自社の提供しているコンテンツが法に抵触していないか、有害情報を含んでいないか、社会通念上認められるかを、その企業組織自身でチェックするセルフレイティングの基準を提供している。

　こうした第三者機関が定めた基準を用いたセルフレイティングのメリットとしては、まず、情報発信者が自らレイティングを行うことによって情報発信者側の表現の自由が最大限に尊重されるということである。同時に、第三者機関が客観的に定めた枠組み・基準に沿ったレイティングというサードパーティレイティングの利点を生かすこともできる。すなわち、I-ROIは、情報提供者自身が自ら健全なコンテンツを制作するための仕組みを提供しているのである。このように、I-ROIは汎用性の高いセルフレイティングの枠組み・基準の作成と普及を通じて、情報発信者と情報利用者との良好な関係構築を目指している。以下では、

I-ROIが推奨するセルフレイティング（セルフアセスメント）の仕組みについて説明する。

13.4. I-ROIが推奨するデジタルコンテンツのセルフレイティングの実務

　すでに述べたとおり、青少年インターネット環境整備法では、青少年の健全な成長を著しく阻害すると想定される情報のことを「青少年有害情報」と呼称している。しかし、違法情報に比べて有害情報は明確な法的基準が存在せず、その内容については例示されるのみにとどまり、具体的な定義はなされていない。

　そこで、I-ROIでは、この青少年有害情報の有害成分を「ヌード等」、「セックス」、「暴力・残虐」、「犯罪誘引行為」、「麻薬等」、「非行・反道徳的行為」、「成人向け情報」、「他者に対する差別表現」、「権利侵害行為等」の9カテゴリに分類した。また、有害成分の強度を評価するため、青少年の心身の成長の度合いに鑑みて、それにふさわしい表現のレベルとして「年齢区分」を設けた。

　以上がI-ROIが推奨するデジタルコンテンツのセルフレイティングの概要であるが、具体的に有害成分を抽出して特定の「年齢区分」に判定していく作業は、本章で解説する「セルフレイティングチェックシート」を用いて行う。紙幅の都合上、本書に添付されたセルフレイティングチェックシートは、I-ROIおよびI-ROI会員の企業等が実際に使用しているものを簡略化したものであるが、以下、本節ではこのセルフレイティングチェックシートを基にして、I-ROIが推奨するデジタルコンテンツのセルフレイティングの作業を概説することとする。

13.4.1. セルフレイティングの方法

　セルフレイティングチェックシートは、上記の有害成分の考えに基づき、イン

ターネットで情報を発信する事業者自らが、自社が公開するコンテンツにどのような有害成分が含まれており、その強度がどれくらいなのかを自己評価できるようにしたものである。このチェックシートにより、青少年が閲覧する可能性のあるコンテンツの健全性を評価することができる。

コンテンツの表現内容の有害性の評価は、2種類の方法の組合せで行う。

まず、有害成分のカテゴリに該当する表現のコンテンツが含まれているかどうか、有無を判断する。この作業が「ラベリング」である。

ラベリングによって有害成分に該当する表現のコンテンツが含まれていると判断された場合は、有害成分のカテゴリごとに強度を評価する。これが「レイティング」である。

これら一連の作業をI-ROIでは「コンテンツのセルフレイティング」と呼んでいる。このセルフレイティングの結果、有害成分に該当する表現がなければ、対象となる年齢にふさわしい健全なコンテンツであることになるが、一つでも該当する表現があった場合には、その年齢にはふさわしくない表現が含まれている可能性があると考えられる。

13.4.2. 年齢区分

コンテンツの有害成分の表現に対する認容度は、利用対象者の年齢によっても異なる。I-ROIでは、青少年[1]の心身の成長の度合いに鑑みて、以下の4段階に年齢を区分している。

- 全年齢：幼児や小学生を含むすべての年齢層にふさわしい。
- 12歳以上：12歳以上に対してふさわしい。
- 15歳以上：15歳以上に対してふさわしい。
- 18歳以上：18歳以上に対してふさわしい。

図13-1は、セルフレイティングチェックシート上の「年齢区分」に関する該当部分を示したものである。

なお、コンテンツの利用シーンとしては、一般家庭で家族と共に青少年が視聴

---

[1] 青少年インターネット環境整備法でいう「青少年」は、15歳未満と定められている。

レイティング			
全年齢にふさわしい コンテンツ （小学生以上相当）	12歳以上にふさわしい コンテンツ （中学生以上相当）	15歳以上にふさわしい コンテンツ （高校生以上相当）	18歳以上にふさわしい コンテンツ （成人相当）

図13-1　I-ROIのセルフレイティングチェックシート：「年齢区分」

する、図書館など公共施設で青少年が閲覧する、学校の授業等で学習教材としてクラスで視聴する、などを想定している。そのため、会員制で提供されるコンテンツや、成人向けコンテンツ等は、I-ROIの健全性認定の対象としていない。

13.4.3. レイティングの対象

レイティングの対象となるのは、特定のURLとその配下のコンテンツである。

インターネットのコンテンツはハイパーリンクによって外部サイトと連携されることが珍しくないが、ユーザーからすれば知らないうちに別のサイトへリンクされてしまうというのは問題である。特に、リンク先が有害情報のコントロールを行っていないサイトであった場合には、自社のサイトの健全性維持を実施する意味がない。

そこで、I-ROIでは、どこまでが自社が管理するコンテンツであるか、責任範囲を明確にし、それがユーザーに分かるようにすることを推奨している。

インターネットのコンテンツは固定的ではなく、ダイナミックに生成される場合がある。その場合のコンテンツは時々刻々と変化するので、ある時点で表示された状態を取り出してレイティングを行うことはあまり意味がない。I-ROIでは、そうしたダイナミックなコンテンツについては、管理規則や受け入れ規則の有無、サイトの運用状況などを確認することを要求している。例えば、バナー広告に製品広告が自動挿入されるようなサイトでは、広告を登録する際に表現が適切な年齢区分を意識して評価するよう管理・運用されているかという管理面でのコントロールを要求している。

13.4.4. レイティングの実施者

インターネットのコンテンツは、本来はどの年齢区分のユーザーに向けてデザ

インされたものか、発信側が意識して制作する必要があるが、残念ながら、多くのコンテンツはそうした意識なしに制作され、発信されているのが実情である。

　さらに、コンテンツの有害成分に対する認容度は、制作者とユーザーで異なることは珍しくない。もちろん、一口にユーザーと言っても、年齢や性別などでも互いに異なると考えられる。そこで、コンテンツ制作者以外の視点から有害性の判断を行う必要がある。その判断にあたっては、ソフトウェア業界で実施されている既存の自主規制の基準や社会の動向等を参考にしつつ、できるだけ客観的かつ公平に、コンテンツの表現における有害成分の強度を評価するよう努めなければならない。

13.4.5. カテゴリとサブカテゴリ

　前述のとおり、I-ROIが推奨するセルフレイティングでは、「ヌード等」、「セックス」、「暴力・残虐」、「犯罪誘引行為」、「麻薬等」、「非行・反道徳的行為」、「成人向け情報」、「他者に対する差別表現」、「権利侵害行為等」の9カテゴリ（分類）について有害成分の評価を行う。

　なお、上記のそれぞれのカテゴリについて、評価の作業を容易にするため、下位に代表的なサブカテゴリの項目が設けられており、このサブカテゴリごとに評価を実施する。

　例えば、図13-2にあるように、「ヌード等」の有害成分のカテゴリには、「裸体」、「性器など特定部分」、「下着姿」、「水着姿」の4項目のサブカテゴリが設けられている。

カテゴリ	該当する条件	
	項目	
	基準	
1 ヌード等	1-1.裸体	
	1-2.性器など特定部分	
	1-3.下着姿	
	1-4.水着姿	

図13-2　I-ROIのセルフレイティングチェックシート：「ヌード等」のサブカテゴリ

13.4.6. セルフレイティング作業の例

①ラベリング

　まずは、評価対象となるコンテンツに対し、有害成分を含んだ表現内容があるかどうかを判断する。この作業を「ラベリング」と呼ぶ。前述のように、ラベリングは、コンテンツにそのカテゴリの有害成分を含む表現内容が有るか無いかを機械的に判断する作業であって、その際には有害表現の強度は考慮しない。コンテンツに当該表現が含まれていれば、「該当する表現の有無」の欄の「有」を塗りつぶし、表現が含まれていない場合は「無」を塗りつぶす。

　ここでは、男子・女子を問わず児童に人気の高いアニメ作品において、タオルを体にまいて胸から下を隠した状態で入浴し、湯船の中で寛いでいる女性が描かれたシーンを例とする。このコンテンツには、「裸体」、「性器など特定部分」の表現が含まれているので、図13-3に示したように、「裸体」、「性器など特定部分」の項目は「有」にチェックする。他方、「下着姿」、「水着姿」は、「無」にチェックが入る。

②レイティング

　ラベリングを実施して、そのコンテンツには有害成分が含まれていると判定された場合、カテゴリごとに、有害成分の強度を判定する。これが「レイティング」である。例では、「ヌード等」カテゴリの「裸体」と「性器など特定部分」のサブ

該当する条件		ラベリング	全年齢にふさわしいコンテンツ (小学生以上相当)	1...
カテゴリ	項目			
	基準	該当表現の有無	日常生活に見られる露出または当該の描写を含まない	描写が
1 ヌード等	1-1.裸体	□ 無/有 □	□ ALL	
	1-2.性器など特定部分	□ 無/有 □	□ ALL	
	1-3.下着姿	□ 無/有 □	□ ALL	
	1-4.水着姿	□ 無/有 □	□ ALL	

図13-3　I-ROIのセルフレイティングチェックシート：「ラベリング」

	レイティング			
	全年齢にふさわしい コンテンツ (小学生以上相当)	12歳以上にふさわしい コンテンツ (中学生以上相当)	15歳以上にふさわしい コンテンツ (高校生以上相当)	18歳以上にふさわしい コンテンツ (成人相当)
	日常生活に見られる露出または 当該の描写を含まない	描写が抑制されており、性欲を興奮させず、または刺激的でない。 (中学生以上相当)		著しく性欲を 興奮させない、 または刺激的でない
☐	☐ ALL	☐ 12・15		☐ 18

図13-4　I-ROIのセルフレイティングチェックシート:「ヌード等」のレイティング基準

カテゴリに「有」のチェックがあるので、これら二つについてレイティングを行う。あくまでも、「有」のチェックがあるものに対してのみ、レイティングを実施する。

　図13-4のように、「ヌード等」の有害成分カテゴリでは、「全年齢にふさわしいコンテンツ」の基準として、「日常生活に見られる程度の露出または当該の描写を含まない」と指定されている。これに対して、「12歳以上にふさわしいコンテンツ」では、「描写が抑制されており、性欲を興奮させず、または刺激的でない」として、有害成分の表現を容認する幅が多少広がっている。以下、「15歳以上」、「18歳以上」の年齢区分で、順に表現の容認の幅が広がっている。

　ここで取り上げた入浴シーンの例では、女性はタオルで胸から下を隠しており、ポーズ等をとっているわけでもないことから、一般的な判断として、「日常生活に見られる程度の露出」に該当するものと考えて問題ないと評価したなら、「裸体」、「性器など特定部分」については、「全年齢にふさわしい」というレイティングとなる。

③総合評価

　ここでは「ヌード等」のカテゴリを例として用いたが、同様の作業を、「ヌード等」以外のカテゴリについても繰り返していく。こうした作業を行った結果、全てのカテゴリ・サブカテゴリにおいて、ラベリングの段階で「無」と判断されるか、あるいはレイティングの段階で「全年齢にふさわしい」と判断された場合には、その作品は「全年齢にふさわしい」ものという総合評価となる。

　もし、上記の例で「ヌード等」以外のカテゴリ・サブカテゴリにおいて1項目でも「12歳以上」のレイティングがなされた場合には、総合評価は「12歳以上」となる。このように、総合評価は最も年齢層が高い「年齢区分」を採用する。

　これで、セルフレイティングの作業は終了である。I-ROIおよびI-ROIの会員

企業の実際のセルフレイティング作業は、ここで例示したものよりも複雑かつ細分化されており、また、単にセルフレイティングを実施するだけではなく、セルフレイティングにおいて導出された総合評価の妥当性を評価し、場合によってはそれを修正するという仕組みも組み込まれている。紙幅の都合上、ここではそういった細部には立ち入ることは避けたが、I-ROIが推奨するデジタルコンテンツのセルフレイティングの作業の概要については、本項の例で示したような流れとなっている。

第14章

iコンプライアンスと
運用管理・体制整備の実務

本章のあらまし

　第10章では、違法・有害情報のリスク対策について俯瞰し、前章では、有害情報のコントロールの実務について詳述した。本章では、iコンプライアンスの運用管理・体制整備の実務を取り上げるが、これを別の言い方をすれば、遵法状態のコントロールである。

　本章では、DCAとして自社のサーバーの法律遵守を維持し続けることについて説明する。また、DCAの業務には青少年インターネット環境整備法以外の法律も関係することを指摘し、iコンプライアンスの理念とiコンプライアンスプログラム（iCP）について説明する。そして、多くの企業組織で用いられる標準的な業務管理手法に則ったiCPのあり方について言及する。

> **本章の学習目標**
> ・iコンプライアンスプログラム（iCP）が求められる背景について説明できる。
> ・DCAに関わる青少年インターネット環境整備法以外の法律について説明できる。
> ・iコンプライアンスの理念とiCPについて説明できる。
> ・企業組織で用いられている業務管理手法に則ったiCPの実施について説明できる。
> ・iコンプライアンスのチェックのプロセスについて説明できる。

14.1. iコンプライアンスプログラム(iCP)が求められる背景

14.1.1. 努力義務の問題点

　これまで見てきた青少年インターネット環境整備法が特定サーバー管理者等に求める閲覧防止措置等の対応は、いずれも努力義務である。努力義務とは、たとえ違反したとしても法的制裁を受けることのない義務のことである。青少年インターネット環境整備法21条のように、条文の文末が「努めなければならない」という形で規定されている。

　青少年インターネット環境整備法だけでなく、インターネットを取り巻く法制度では努力義務として規定されている項目が多い。これは、インターネットという現在進行形で発展と拡大を続けている新しい技術に対して、罰則を伴う規定は必ずしも有効とは限らず、立法の趣旨が達成されない可能性もあることが影響していると考えられる。

　例えば青少年インターネット環境整備法の場合、閲覧防止措置等の対策を行うためにはコストが生じる。そのため、企業は自社の管理するサーバーに閲覧防止措置等の対応を行うことに消極的な傾向にある。

　また、一般的な企業では、自社の提供するインターネットサービスに違法・有害情報を含むコンテンツなどあるはずがないと思い込んでいる場合もあり、そもそも閲覧防止措置などへの対応は必要ないと考えている企業も多い。

　しかし、努力義務とはいえ、それに対応しないということは違法状態を放置することであり、DCAとしてこれを見逃すことは望ましくない。

　また、現在では努力義務として規定されている項目でも、将来的には罰則を伴う規定に改正される可能性もあり、努力義務で罰則がないからといって放置することは、組織としてリスクに対応しないことと同義であるといえる。

　よって、DCAには、努力義務であるか否かを問わず、常に自らの管理する特定サーバー等を法令遵守の状態に保ち続けることが求められる。

14.1.2. 内部監査手順の不備
（コンテンツ情報の棚卸しに不備があった事例）

　ゲーム開発企業A社では近く新作の発売を控えていた。A社は新作を紹介するウェブサイトを開設し、発売日までの間、定期的に新情報を公開することになっていた。

　この新作紹介ページで定期的に新情報を公開することになっていた従業員Bは多忙であったため、一度にすべての情報を非表示の設定で新作紹介のページに登録し、タイマーで非表示から表示に切り替える設定を行っていた。

　その結果、ウェブサイト上ではタイマーで設定された情報のみが表示されたが、検索サイトにそのゲームタイトルや関連キーワードを入力すると、非表示の情報まで検索結果に表示されてしまった。

　会社の内部規則では、Bが行ったようなウェブサイトの管理を行うことを禁止していた。しかし、その規則が守られているか、どうやってチェックするかという監査手順が定まっていなかった。

　この例のように、組織が内部規則で禁止規定を設けても、本当に規定通りに運用されていることを監査する方法がない、監査する担当者が実施していない、そもそも監査する担当者がいないということが実務ではあり得る。

　DCAがiCPを実施するということは、このような内部監査の不備を発見することにもつながるのである。

14.2. DCAに関わる青少年インターネット環境整備法以外の法律

　DCAに関わる法律としては、まず青少年インターネット環境整備法が挙げられる。この法律に基づいてiコンプライアンスを実施する具体的なプロセスについては14.5において詳述するが、ここでは、DCAに関わる法律として、青少

年インターネット環境整備法以外にどのような法律があるのか見てみることとする。ここでは、代表的な二つの法律を紹介する。もちろん、関連法は二つだけではなく、実際には、DCAが所属する組織の事業内容によって、関連する法律はそれぞれ異なる点には注意が必要である。

14.2.1. 特定電気通信役務提供者の損害賠償責任の制限及び発信者情報の開示に関する法律（プロバイダ責任制限法）

①損害賠償責任の制限（同法3条）

　特定電気通信による情報の流通により他人の権利が侵害されたときは、当該特定電気通信の用に供される特定電気通信設備を用いる特定電気通信役務提供者（以下この項において「関係役務提供者」という）は、これによって生じた損害については、権利を侵害した情報の不特定の者に対する送信を防止する措置を講ずることが技術的に可能な場合であって、次の各号のいずれかに該当するときでなければ、賠償の責めに任じない。ただし、当該関係役務提供者が当該権利を侵害した情報の発信者である場合は、この限りでない。

一　当該関係役務提供者が当該特定電気通信による情報の流通によって他人の権利が侵害されていることを知っていたとき。

二　当該関係役務提供者が、当該特定電気通信による情報の流通を知っていた場合であって、当該特定電気通信による情報の流通によって他人の権利が侵害されていることを知ることができたと認めるに足りる相当の理由があるとき。

■ 対象
・ 関係事業者（プロバイダ）

■ 要求されていること
・ 管理しているサーバーから青少年有害情報が発信されたことを知ったときには、当該情報に青少年がアクセスできない措置を執らなければならないこと。
・ 自社コンテンツに青少年有害情報が含まれていないかどうか、適切に管理す

ること。

②発信者情報の開示請求等（同法4条）

　特定電気通信による情報の流通によって自己の権利を侵害されたとする者は、次の各号のいずれにも該当するときに限り、当該特定電気通信の用に供される特定電気通信設備を用いる特定電気通信役務提供者（以下「開示関係役務提供者」という）に対し、当該開示関係役務提供者が保有する当該権利の侵害に係る発信者情報（氏名、住所その他の侵害情報の発信者の特定に資する情報であって総務省令で定めるものをいう。以下同じ）の開示を請求することができる。
一　侵害情報の流通によって当該開示の請求をする者の権利が侵害されたことが明らかであるとき。
二　当該発信者情報が当該開示の請求をする者の損害賠償請求権の行使のために必要である場合その他発信者情報の開示を受けるべき正当な理由があるとき。

■ 対象
・ 関係事業者（プロバイダ）
・ 個人情報取扱事業者
・ 書込み型コンテンツ

■ 関係事業者（プロバイダ）に要求されていること
・ 青少年有害情報について苦情等の受付窓口が恒常的に設置されているよう努めること。

■ 個人情報取扱事業者に要求されていること
・ ユーザーの身元情報を適切に管理していること（管理方法は社内規定による）。

■ 書込み型コンテンツに要求されていること
　・書込みログを一定期間保存している（期間は社内規定による）

14.2.2. 特定電子メールの送信の適正化等に関する法律（特定電子メール送信適正化法）

①電気通信事業者による情報の提供及び技術の開発等（同法10条）

　電子メール通信役務を提供する電気通信事業者（電気通信事業法第2条第5号に規定する電気通信事業者をいう。以下同じ。）は、その役務の利用者に対し、特定電子メール、架空電子メールアドレスをそのあて先とする電子メール又は送信者情報を偽った電子メール（以下「特定電子メール等」という。）による電子メールの送受信上の支障の防止に資するその役務に関する情報の提供を行うように努めなければならない。

■ 対象
・ 迷惑メール

■ 要求されていること
・ スパムメール、フィッシングメール（架空電子メール）の送信は、電子メールの送受信上に支障をきたすおそれがあるので、これを防止するために必要な情報を提供すること。

14.3. iコンプライアンスの理念とiCP

　インターネットコンテンツ提供者（特にコンテンツ制作者と通信事業者）には、コンテンツの健全性を保証するために、既存の法令、規則の遵守のみならず、社会通念、規範意識、倫理、文化などを尊重した良識ある行動が求められる。インターネットコンテンツ提供者によるインターネットに対応したコンプライアンスを構築することをiコンプライアンスという。

　組織の中でiコンプライアンスを具体的に実施する仕組みがiコンプライアンスプログラム（iCP）である。iCPには、インターネットに関連する各種法規へ

の対応や社会的要請から求められる実施すべき対策がある。

　青少年インターネット環境整備法は閲覧防止措置等を規定しているが、どのような対策を導入すれば良いのかまでは具体的に示していない。また、青少年インターネット環境整備法以外でも、DCAが所属する組織の事業内容に関わる法律などを考慮する必要がある。

　実効性のあるiCPを実施するためには、これらを具体化する必要がある。I-ROIでは、標準的な業務管理手法（PDCAサイクル）に則って、iCPを運用することを推奨している。

14.4. 標準的な業務管理手法に則ったiCPの実施

　では、特定サーバー管理者等が、自らの管理する特定サーバー等をiCPに基づいて法令遵守の状態に維持するには具体的にどうしたらよいのだろうか。ここでは、多くの企業・組織で用いられている標準的な業務管理手法である、PDCAサイクルを例に、iCPに基づく運用管理・体制整備を説明する。

14.4.1. 標準的な業務管理手法（PDCAサイクル）とは

　PDCAサイクルとは、品質管理や生産管理などの管理業務を円滑に進めるために提唱されたフレームワークである。多くの企業・組織で用いられており、いわば標準的な業務管理手法と言っても過言ではなかろう。Plan（計画）、Do（実行）、Check（評価）、Act（改善）を常に繰り返し続けることによって、継続的に業務を改善しようとする手法である。なお、「PDCA」というイニシャルは、本書がテーマとするデジタルコンテンツアセッサのイニシャルである「DCA（Digital Contents Assessor）」と似ているが、イニシャル化して省略する前の英単語を見れば明らかなとおり、直接的な関連はない。

14.4.2. PDCAサイクルに則ったiCPの運用例

インターネットでサービスを提供する企業Aでは、数年前に占いサイトを立ち上げた。Aは一般的なインターネットサービスを提供する企業で、成年向けのコンテンツは対象としておらず、サービスの責任者Bは自社のサービスに成年向けもしくはそれに類する内容が含まれているとは考えていなかった。

実際、この占いサイトは企画からサービス開始までBが携わっており、サービス開始の時点では成年向けの内容は含まれていないことをBは自分自身で確認していた。しかし、数年後、サーバー管理者がセルフアセスメントを行うと、成年向けの占いコーナーが設置されており、一般のユーザーから閲覧可能な状態になっていることが確認された。

調査によると、サービス開始後しばらくすると、Bは当該サイトの運営から離れ、インターネットサービスを担当する部署が引き継いだ。Bが離れてからもしばらくの間は、Bが携わっていた頃と同程度のユーザー数を維持していたが、次第に減少に転じた。担当部署は、ユーザー数を維持するために、サービス開始当初は存在しなかった成年向けの占いコーナーを設置して、いわゆるテコ入れを図ったのである。

Bには当該サイトのユーザー数と売上のみが報告されていたため、Bは自分が運営から離れた後も同じようにサービスが提供されているのだろうと思い込んでおり、成年向けの内容が追加されていたのは予想外のことだった。

ここでは、上記の例を用いて、標準的な業務管理手法(PDCAサイクル)に則ってiCPを運用するとはどういうことかについて説明する。まず、iCPの運用は、DCAによるC（評価）からはじまる。

1. DCAの調査により、成年向けの内容が一般ユーザーから閲覧可能になっていることが判明した（C：評価。問題点の洗い出し）。
2. サービスの中止を含めて複数の改善案が提案された（A：改善。問題点を明確にして改善案を責任者に報告）。
3. 改善案の報告を受けた責任者は、その提案の中から、サービスを継続しつつ、すぐに対処可能な簡易ゾーニングの案を採用した（P：計画。経営者による改善計画の決定）。
4. 担当部署が責任者の指示を実行した（D：実行。経営者が決定した改善案の

実行)。

　この例に見られるように、実務では、経営者の現状認識と現場での実際のサービス内容との間にかい離が見られることは珍しいことではない。これは従来から存在する伝統的なメディアとは異なり、インターネットはサービス開始後にコンテンツの内容を変更することが容易であること、責任者に自社の提供しているサービスの内容が日々変化していることにもかかわらず、サービス開始時点などの過去の一点の状態に問題がなければその後も問題がないだろうという思込みがあること、そして内部監査が有効に機能していないことに原因がある。
　DCAの役割は、インターネットの特徴を踏まえた上で、責任者の思込みを排除し、有効な監査手順（iCP）を継続的に実施し続けることにある。

14.5. I-ROIが推奨するiコンプライアンスのチェックの実務

　青少年インターネット環境整備法では、特定サーバー管理者に対し青少年が利用する（可能性のある）コンテンツを提供している企業組織（の特定サーバー管理者）は、自社のコンテンツについて有害情報の閲覧防止措置を講じる必要があるとしている。すなわち、青少年に対する有害情報については、そのコンテンツの提供者側で、適切なリスク管理が実施されているかをチェックする必要がある。本節では、I-ROIが推奨するiコンプライアンスのチェックの実務の一端として、I-ROIが用いているiコンプライアンス・チェックシートを紹介する。以下に示す項目はiコンプライアンス・チェックシートに記載されているが、紙幅の都合上、一部分のみを以下に示す。

iコンプライアンス・チェックシート項目
　付表「iコンプライアンス・チェックシート」には、青少年インターネット環境

整備法及びプロバイダ責任制限法の条文ごとに、どのような内容が法令によって規定され、誰に対してどのようなことが特定サーバー管理者に要求されているのかが記述されている。

例えば、青少年インターネット環境整備法の5条（関係事業者の責務）で要求されていることを満たすには、次のような対策を推奨している。

- 青少年が青少年有害情報の閲覧機会をできるだけ少なくするための処置を講じているか。
- 青少年がインターネットを適切に活用する能力を習得するための措置を講じているか。

また、16条（関係者の努力義務）に関しては、以下を推奨している。

- 青少年がインターネットを適切に活用する能力の習得機会や、その他の啓発活動を提供しているか。
- 青少年有害情報フィルタリングソフトウェアの利用普及のための活動や、その他の啓発活動に参加しているか。

17条（携帯電話インターネット接続役務提供事業者の青少年有害情報フィルタリングサービスの提供義務）は、主な対象者が携帯電話・PHS事業者となっており、全ての企業・組織において対策が求められているわけではないので、ここでの説明は割愛する。

次に、18条（インターネット接続役務提供事業者の義務）であるが、主にプロバイダが対象となっており、以下の項目をチェックすべきである。

- インターネット利用者本人または保護者に対してフィルタリングサービスの存在を告知しているか。

20条（青少年有害情報フィルタリングソフトウェア開発事業者等の努力義務）では、フィルタリングソフトやサービスが青少年の発達段階や利用者の選択に応じて閲覧制限のレベルを設定できるようにすることを要求している。具体的

には、次のような対策がとられているか否かを確認すべきである。

- 自社のコンテンツを青少年の発達段階に応じてレベル分けしているか。

　21条（青少年有害情報の発信が行われた場合における特定サーバー管理者の努力義務）、22条（青少年有害情報についての国民からの連絡の受付体制の整備）、23条（青少年閲覧防止措置に関する記録の作成及び保存）は、特定サーバー管理者を対象とした規定である。具体的な対策としては、以下の項目を推奨している。

- 青少年有害情報の発信が行われまたは行おうとするときは、青少年閲覧防止措置を取るようになっているか。
- 青少年有害情報について苦情等の受付窓口が恒常的に設置されているか。
- 青少年有害情報が報告された際の処理手順が確立しているか。
- 青少年閲覧防止措置を執った場合には、その記録を作成し保存しているか。

　以上が青少年インターネット環境整備法に関連する項目である。他にプロバイダ責任制限法の3条と4条は、プロバイダを対象とした規定であるが、以下の対策をとることを推奨している。

- 自社コンテンツに青少年有害情報が含まれていないか、適切に管理しているか。
- 青少年有害情報について苦情等の受付窓口が恒常的に設置されているか。
- 自社サイトに対して不正な利用を行った者に対する罰則等が規定されているか。（詳細は社内規定による）
- 制作委託したコンテンツに青少年有害情報が含まれていないかどうか、管理する体制が確立しているか。
- 公開するコンテンツに青少年有害情報が含まれていないかどうか管理する体制が確立しているか。

　このように、ｉコンプライアンス・チェックシートは、法律の条文に記述された要求事項（要求事項の欄）を抜き出し、誰（対象者の欄）が、どのような対策（管

理策の欄)をとるべきかということについて整理されている。一番右の欄に評価を書込んでいけば、どのような対策が必要であるのかということが明らかになるということになる。

第15章

ソーシャルメディアのリスク対策

本章のあらまし

　インターネットの新たなコミュニケーション手法として登場したソーシャルメディアは、世界規模で爆発的に普及し、今や一人のユーザーが複数のソーシャルメディアを使い分けることは珍しくなくなっている。ところが、ソーシャルメディアを使いこなすリテラシー教育は十分とはいえず、結果としてソーシャルメディアを巡るさまざまなトラブルが多発している。
　そこで本章では、ソーシャルメディアの利用に際して発生するリスクと、DCAが行うべきソーシャルメディアに起因するリスク対策について学習する。

本章の学習目標

・ソーシャルメディアの利用に際して生じるリスクの概念を説明できる。

15.1. 高まるソーシャルメディアのリスク

　ソーシャルメディアは、インターネットのコミュニケーション手段として幅広く活用されるようになった。だが、ユーザーが特定のソーシャルメディアの操作に習熟する前に次々と新しいサービスが登場し、同時にスマートフォンの普及により手軽に情報発信できるようになると、ソーシャルメディアの特性を理解していないユーザーによる不用意な投稿等がきっかけとなって生じる事故が多発するようになっている。そうしたソーシャルメディアに起因するビジネスリスクは、ソーシャルリスクとも呼ばれる。
　そこで、まずはソーシャルリスクについて整理してみよう。

15.1.1. 企業活動におけるソーシャルメディア

　現代の企業活動では、インターネットの利用が不可欠であることはいうまでもない。中でも、消費者や顧客と直接の関係性を形成することが可能なソーシャルメディアは、さまざまな形で活用されるようになっているが、おおむね以下のように使用されている。

①企業組織の公式意見を発信するアカウント

　企業組織として、自社の組織・製品・サービスについて情報発信するために企業組織が運営する、いわゆる公式アカウントである。従来の企業広報の延長であり、ソーシャルメディアをユーザーとの双方向のコミュニケーション手段というより、一方向の情報提供用メディアとして利用している。
　ソーシャルアカウントを運用する担当者の個性が出ないように、極力必要な情報の発信にとどめて運用されていることが多いが、製品やサービスそのものを擬人化してソーシャルアカウントを運用するケースも増えている。前者との相違は、公式アカウントはあくまでも企業としての総合的な情報発信を行うものであるのに対し、擬人化アカウントは、製品やサービスごとのそれぞれの特徴を活かして複数のアカウントを並行運用することも可能である点である。

図15-1　JAXAが運用する観測衛星イカロスのツイッターアカウント
出典：イカロス君ツイッターアカウント
(https://twitter.com/ikaroskun)
(access:2015年7月31日)

　組織の運用する公式の擬人化アカウントの例に、宇宙航空研究開発機構 (JAXA: Japan Aerospace Exploration Agency) がある。JAXAでは、打ち上げた衛星や地上局それぞれに擬人化アカウントを設定して運用しており、それぞれのアカウントは打ち上げの順序や衛星の機能によって、異なる性格が割り振られている。フォロワーも多く、画像投稿サイトでファンのイラストのコンテストが行われ、衛星の擬人アカウントのキャラクターに扮した衣装を着用することが一部で流行するなど、二次創作も活発化している。

　公式アカウントのソーシャルリスクとしては、運用担当者がうっかりと個人の立場で発言してしまう、外部の反応に即時対応できない、などが考えられる。
　さて、ソーシャルメディアのリテラシーが低い企業が公式のソーシャルアカウントを運用する場合、もっとも安易な選択肢は、外部の専門業者に運用業務を丸ごと委託することである。ところが、業者による発言内容の監視や運用状況の監査といったモニタリングが適切に行われないと、業者が暴走するなどの問題が生じるリスクがある。
　その代表的なケースに、北海道長万部町の「まんべくん」の事例がある。長万部町は、地元のゆるキャラ「まんべくん」の公式ソーシャルアカウントの運用を、2010年に地元業者に丸ごと委託したが、町として発言内容の確認やネット上の評判の確認などの運用管理を全く行わなかった。その後、委託先の業者が

図15-2　長万部町イメージキャラクター「まんべくん」
出典:長万部町ウェブサイト
(http://www.town.oshamambe.lg.jp/modules/towninfo/content0038.html)
(access:2015年7月31日)

毒舌ツイートを連発するようになり、ネット上でまんべくんアカウントが注目されるようになったが、それに伴い外部からのクレームも増加した。しかし、業者はそれを無視して運用し、さらに意図的に炎上を仕掛けて話題を集めることを繰り返すようになった。ところが、町としてはまんべくんアカウントがそのように運用されていることに気づかず放置していたため、業者はさらに暴走し、2011年の終戦記念日に問題発言を連発して大炎上騒動を引き起こした。長万部町は責任を問われ、町長が公式に謝罪して、業者に対しまんべくんアカウントの運用許諾を取り消した。

それにも関わらず、業者はまんべくんに類似するアカウントを開設して運用を継続しており、2015年12月時点でもこの問題は解決していない。

②企業の担当者として発信するコンテンツ

企業アカウントの担当者からの発信であることを明かして運用する場合である。特徴としては、自社の組織・製品・サービスについての発言に限らず、日常的な情報やユーザーの発言に対する対応などを行うことも多い。公式の情報発信に加えて、担当者個人としての感想を織り交ぜて発信することで、企業情報を一方的に発信する公式アカウントでは得られない関係を築くことも可能である。こうしたアカウントを指し、ネットスラングでは、公式(「硬式」と発音が同じ)に対する「軟式」、運用担当者を「中の人」と呼称する。

軟式アカウントのソーシャルリスクとしては、ユーザーとの関係性が近くなりすぎて馴れ馴れしい発言をしてしまう、ユーザーによるネットストーカー行為が生じるなどの問題が起こっている。

図15-3　軟式アカウント運用を行うファストフード・チェーン
出典：サブウェイ・ツイッターアカウント（https://twitter.com/subwayjp）（access:2015年7月31日）

③従業員や関係者の個人アカウント

　最近のソーシャルメディアでよく問題として見受けられるのは、従業員や経営層、企業の関係者の私的なアカウントによる発信である。企業と無関係な個人としてのプライベートなアカウントとして運用し、仕事や企業に関する発言を行わないなら問題にならないという考えで運用されることもある。だが、発言者本人は企業名を明かしていないつもりであっても、フォロアーの発言から関係する企業名が特定されることもあり、結果として所属する企業を対象にした炎上が仕掛けられるというリスクを有している。

15.1.2. レピュテーションリスクのインパクト

　ソーシャルメディアでは、ネガティブな情報は、従来のメディアと比較すると短時間かつ広範囲に伝搬していく。また、ソーシャルメディアのサービスが本来想定していたのとは異なる利用方法でネガティブな情報発信のプラットフォームとして使用されることがある。
　そのような特質を有するソーシャルメディアで問題となっているのが、レピュテーションリスクである。レピュテーションとは、企業の信頼感や評判といった価値のことである。ソーシャルメディアはその性質上、レピュテーションリスクが高いことはいうまでもない。

実際のレピュテーションリスクが現実化した事例を紹介しよう。

①知識検索サービスの悪用

ユーザー同士が各種の知識や知恵を教え合う「知識検索サービス」を利用して、業者が一般ユーザーを演じて質問を書き込み、同様に他の一般ユーザーを演じて回答を書き込む、いわゆる自作自演の「やらせマーケティング」が問題となっている。

企業の広告でなく実際のユーザーを装って回答するため、信用を得やすいので、特定の企業やサービスに対する悪評や自社の宣伝を仕掛けやすい。知識検索サービスの利用契約に抵触する可能生が高い行為であるが、サービス提供側にも判別がつきにくく、実際にやらせマーケティングの専門業者が多数存在しているなど、駆逐が困難である。

②グルメサイトの悪用

飲食店情報を集積し、ユーザー同士がメニューや味などの情報を教え合うグルメサイトがある。これを悪用して、一般客を演じて特定の飲食店のメニューに悪い評価やネガティブコメントを書き込むことで営業妨害をされたという報告がある。開店直後の飲食店で固定客がいないのにグルメサイトに多数の悪評が書かれたことから、業者によるやらせの書き込みの疑惑が浮上したものである。

このように、各種ソーシャルメディアを利用し、競合商品やサービス、会社、経営陣を悪く評価するネガティブキャンペーンは、低コストかつ容易に実施可能であるという性質がある。使用されたソーシャルメディアによってはリアルタイム検索でないと検知できない場合もあり、標的とされた企業にとってはソーシャルメディアのネガティブキャンペーンは発見しにくく、かつ、一度ネットに伝搬してしまった悪評は削除しにくく修正も容易でないという性質がある

15.1.3. ソーシャルリスクのマネジメント

ここまで見てきたとおり、ソーシャルリスクは一般的なインターネットリスクより、識別しづらくコントロールしにくいという特徴がある。その半面、ソーシャルメディアは情報が短時間で広範囲に伝搬するため、早急にリスク対応しなけれ

ば、影響力が増加し被害が拡大する一方になる。
　一般的なリスクマネジメントでは、リスク源を特定して影響力を評価し、最適な対応策を選択するという手順を踏むのが普通であるが、ソーシャルリスクの場合は、時間が経てば経つほど規模が拡大してしまい、対応は困難になる。そのためソーシャルリスクでは、迅速かつ適切な情報発信による拡大の抑制を基本とした対応の必要がある。

15.2. ソーシャルメディアのインシデントの実態

　ソーシャルリスクは、災害や事故の対応と同様に対応する必要がある。デジタルコンテンツアセッサが実務上遭遇する可能性が高いソーシャルメディア上のインシデント（問題事由）に以下のものがある。

15.2.1. 炎上（フレーミング）

　「炎上」と呼ばれる現象は、これまではブログや掲示板サービスを対象として、サイト管理者の意図する範囲を大幅に越え、非難・批判のコメントやトラックバックが殺到することとされていた。その場合の炎上が発生する原因としては、反社会的な記事・言動の発信、間違った知識の発信、主義の対立、根拠の無い提灯記事、身分を隠した自組織の擁護がある。
　ソーシャルメディアの普及によって、これまでの炎上とは異なる要素が見られるようになった。つまり、問題の放置や無自覚、問題の過小評価、対応窓口・体制の不備、ソーシャルメディアの不理解、不適切・不誠実な対応、言い逃れ、威嚇、脅し、切り捨て、責任転嫁、先送りといったものである。
　ソーシャルメディアの炎上の最大の問題は、「負の連鎖」で、炎上そのものがエンターテイメントとしてコンテンツ化し、拡大していく点である。進行中の炎上の様子をニュース板などの掲示板がメディア化して拡散することで新たな参加者が生じ、さらに炎上の規模の拡大が加速する、という現象が生じる。

炎上の参加者は、匿名で参加できること、インターネットを介した間接的な接触であるため罪悪感を持たずにすむこと、炎上のきっかけが対象者の触法行為の暴露や不適切な発言であることも多く、炎上を仕掛ける側は隠れた悪に「天誅を加える」「懲らしめる」といった意識で自己の行動を正当化しているということが珍しくない。

DCAとしては、自社に仕掛けられた炎上は兆しのうちに把握する仕組みを構築し、一度検知したなら、規模が拡大する前に抑えこむ仕組みを構築しなければならない。

15.2.2. 電凸（でんとつ）

ユーザーが個人レベルで企業や組織に電話取材を行い、意見を問い質す（糾す）行為を指すネットスラングである。「凸」は「突撃取材」の略で、電凸（電話で質問）、メル凸（メールで質問）などが存在する。

電凸の内容や企業の回答はインターネットで公表されるが、電凸に応対した企業窓口がその案件の専門とは限らず、組織を代表する権限や正確な知識がないままに安易に返事をした場合が問題となる。とくに、電凸を行ってきた者の攻撃的な態度に対する窓口担当者の感情的な対応を、電凸された対象の組織の総意であるようにすり替えたコンテンツがネットに一般公開されるケースが問題となる。

そこでDCAは、組織としての電凸対応のマニュアル化や手順の整備を進めるべきである。

15.2.3. 祭り

集団でソーシャルメディアの特定の発言や特定のユーザーを叩く書込みをしたり、そのユーザーの個人や組織に関する情報などをネット上に流出させたりすることをネットスラングで「祭り」という。（厳密には、個人情報を意図的にネットに流出させるのは「晒し」であるが、晒しは祭りの一連で行われる事が多い）

「祭り」の結果、企業が間接的な攻撃対象とされる場合が問題である。企業の従業員による発言であればまだしも、従業員の家族の発言までは、コントロールが困難であることはいうまでもない。

実際の例としては、入社内定者の家族がブログに触法行為を暴露したことから祭りになり、内定を出した企業に対して道徳的な責任を問う電凸が実行されたケースや、あるタレントがTV局の偏向を懸念する発言をツイッターで行ったことから祭りになり、総務省に対し当該放送局の免許の妥当性を問うメル凸が行われるといった事例がある。

DCAとしては、祭りが起こる兆しを早期に検知・把握する仕組みを構築することが望ましい。

15.2.4. なりすまし

ソーシャルメディアは容易にアカウントが作成できるため、他者のふりをしたアカウントを本人に無断で作成するということが容易に行える。本人には無断で、本人であると偽って運用する行為が「なりすまし」である。似たような運用形態にネットスラングでいう「非公認」があるが、こちらは本人でないことを明らかにして運用するものである。

なりすましには、害意を持ったものと善意によるものが存在している。害意あるなりすましは、なりすまされた者の悪評を立てるために行われるものであるが、善意によるなりすましは、対象がソーシャルメディアのアカウントを開設していないため代わりに開設したといった動機で行われることがある。

害意あるなりすましが多いのは、経営者、タレント、学者などで、とくにインターネット選挙運動が解禁になってからは政治家のなりすましがツイッター、フェイスブックなどに横行しており、差別発言など本人のレピュテーションを低下させる発言を行った。

15.3. ソーシャルメディアの監視・監査の実務

ソーシャルリスク対策の基本は、早期発見・早期対応である。それを実現するのは、ソーシャルメディア上で自組織に対するインシデントが発生していないか

を確認するための定期的な監視の実施と、公式アカウントや関係者の個人アカウントを含めて自組織からの発言が適切になされていることを確認する監査の実施である。

15.3.1. ソーシャルリスニング

　ソーシャルリスニングは、ソーシャルメディア上での発言を広く傾聴することである。特定のテーマや特定の対象についての発言がネット上でどのようになされているかを、ツールやサービスを使用して調べる。
　なおソーシャルリスニングは、もともとはリスク対応のために行うものではなく、自社製品やサービスの評判などの反応を調べることでマーケティングに使用する技法である。

15.3.2. エゴサーチ

　エゴサーチは元来、ユーザーが自分の氏名やハンドルネーム、運営サイトやブログ名などで検索をして、自分自身の評価を確認することを指していた。それが拡張され、企業が企業名、製品名、サービス名、役員名などで検索し、ネット上の評判などを確認することも含まれるようになった。ちなみに類似する用語として、検索結果をたどってネットを巡回することは「エゴサーフィン」(Ego Surfin) と呼ばれる。
　定期的にエゴサーチを実施すれば、悪意の晒しやバッシング、炎上や祭りの兆しを早期に察知できる。エゴサーチは、ブログやソーシャルブックマーク、リブログ（他人のブログ記事のクリッピング）などを対象に実施することが多い。

15.3.3. アラートサービス

　指定した情報がインターネットに公開されたときアラートメールを送付するサービスを利用して、企業名、製品名、サービス名、役員名を設定しておくという方法もある。

15.4. ソーシャルリスクの管理の実務

ソーシャルリスクに迅速かつ適切に対応できなければ、企業は損害を被ることになる。ソーシャルリスクに効果的に対応するには、実際にインシデントが発生する前に準備しておく必要がある。

そこで、ソーシャルリスクの予防的な管理方法についても紹介しておく。

15.4.1. ソーシャルメディアポリシーの策定

企業組織として、従業員にどのようにソーシャルメディアを運用してほしいかという方針を規定したものがソーシャルメディアポリシーである。

それぞれの企業組織の経営戦略や企業活動に依存するものであるため、実際の企業組織のソーシャルメディアの活用状況に合致するようにソーシャルメディアポリシーを策定しなければならない。

I-ROIは、ソーシャルメディアの公式アカウント運用を行う企業向けにソーシャルメディアポリシーのひな形を用意している。企業組織はこれを元に自組織の状況に合わせて書き換えることで、容易に自己のソーシャルメディアポリシーを策定することが可能となる。

15.4.2. 演習型訓練

ソーシャルメディアのインシデント対応は、実際に対応の流れを一通り体験しないと、実効性がある対策なのか確認できないことも多い。そこで有効なのが、インシデントの演習である。

炎上の兆しの検知の手順から、発見した場合の報告、外部への公表など、一連のインシデント対応の流れを体験しておくことで、実際に何をすべきなのか関係者全員が把握していることは極めて重要である。

DCAは、そうした演習型の訓練のシナリオを作成し、攻撃者の役割を演じるなど活動を支援することが望ましい。

まとめ

　ソーシャルメディアは今でも変化を続けているので、ソーシャルリスクに対する固定的な対策は有効性が限られる。DCAが推奨する対策でも、ソーシャルメディアのサービスの内容に変更が生じれば、簡単に効果がなくなってしまう。

　そのためDCAは、ソーシャルリスクの本質に迫り、サービスの態様に関わらず効果がある対策をデザインできる知識と、それを実践する能力を身につけることが望まれているのである。

参考文献

伊地知晋一（2007）『ブログ炎上 Web2.0時代のリスクとチャンス』アスキー．

デロイトトーマツ リスクサービス編（2012）『「炎上リスク」に備えるWebモニタリングのすすめ方』中央経済社．

福田浩至（2012）『企業のためのソーシャルメディア安全運用とリスクマネジメント』翔泳社．

湯川鶴章（2007）『爆発するソーシャルメディア』ソフトバンク新書．

The Committee of Sponsoring Organization of the Treadway Commission (2004) *Enterprise Risk Management: Application Technics*, COSO.（八田進二監訳、みすず監査法人訳（2006）『全社的リスクマネジメント 適用技法編』東洋経済新報社）．

参考資料

資料1 デジタルコンテンツアセッサ（2級・3級）が持つべき能力

資1-1 デジタルコンテンツアセッサ3級が持つべき能力

　DCA3級取得者が持つべきスキル体系としては、エンドユーザー向けのスキル体系が以下のフレームワークを用いて策定された。

　基礎となるスキル体系として、いわゆる情報リテラシーの国際標準化動向に注目し、総務省がOECDなどで提案中のインターネット利用者のリテラシー指標（ILAS）（総務省 2012）および同リテラシー内容の元となった各種ガイドラインや、インターネットを活用する能力のスキルマップ（I-ROI 2011）をベースとして用いた。そして、これらの体系では必ずしも十分ではないソーシャルメディアに関するスキルを加えた主要な能力の一覧を策定した。

　具体的なスキルの一覧表は、表資1の通りである。

資料1　デジタルコンテンツアセッサ（2級・3級）が持つべき能力

表資1　DCA3級のスキルの一覧

大分類	中分類	小分類
Ⅰ 違法・有害情報リスク領域	a 違法情報	1 著作権等、肖像権、犯行予告、出会い系サイト等
	b 有害情報	1 公序良俗に反するような情報・成人向け情報等
Ⅱ 不適正利用リスク領域	a 不適切接触	1 誹謗中傷
		2 匿名SNS
		3 実名SNS
		4 迷惑メール
		5 アプリケーション
	b 不適正取引	1 詐欺・不適正製品等の販売等
	c 不適切利用	1 過大消費
Ⅲ プライバシー・セキュリティリスク領域	a プライバシーリスク	1 プライバシー・個人情報流出、不適切公開
	b セキュリティリスク	1 不正アクセス等のなりすまし
		2 ウイルス
Ⅳ 情報活用領域	a 情報社会への参加	1 主体的にコミュニケーションできる力
		2 情報を批判的に読み説く力
	b 情報活用力	1 Webページを操作する力
		2 情報を収集する力
		3 情報を発信する力
		4 情報を処理・編集する力
		5 情報を表現する力
		6 情報を伝達する力
	c 情報ネットワークの仕組み	1 インターネットに関する知識
		2 情報機器・ソフトに関する知識
Ⅴ 安全倫理領域	a 情報社会の倫理	1 コミュニケーションする相手を尊重する態度
	b 法令の理解と遵守	1 関連法令に対する知識・態度・技能
	c 安全利用への知識	1 情報を安全に利用する力
		2 危険を回避する力
		3 情報機器を健康的に利用する力
	d 情報セキュリティ	4 情報の保護・管理ができる力

資料

資1-2 デジタルコンテンツアセッサ2級が持つべき能力

　DCA資格制度の目的は「インターネットを安心安全に利用するための態度や知識、技能を身に付けること」であり、DCA2級はその中でマネージャーレベルの能力を担保するものである。ここでマネージャーレベルとは、平成21年に施行された青少年インターネット環境整備法2条11項に規定された「特定サーバー管理者」を想定しており、インターネットを通じてコンテンツを配信して公衆が安心して安全にコンテンツの閲覧ができるようにする役割である。したがって、DCA2級に求められるスキルにおいては、インターネットを通じて安心・安全にコンテンツを利用・享受する立場を主な対象としていたDCA3級とは異なり、インターネットを通じてコンテンツを配信・提供する立場を対象とした、より幅広い範囲をカバーするものとなっている。DCA2級が持つべき能力についても、DCA3級と共通の枠組みを利用して能力の一覧を構成した。ただし、3級がエンドユーザー、2級がコンテンツ提供者を対象としているため、修正が加えられている。

　なお、DCA2級の能力の一覧の策定にあたっても、前段となるDCA3級と同様にI-ROIの資格認定委員会にて産業界・教育機関から招聘した委員による議論を経て進めている。

参考文献
インターネットコンテンツ審査監視機構 (2011)「シニアとシルバーエイジのための安心なインターネットの歩き方 読み物編」

総務省 (2012)「青少年のインターネット・リテラシー指標」の公表，報道資料. http://www.soumu.go.jp/menu_news/s-news/01kiban08_02000092.html 本論の記述は青少年のインターネット・リテラシー指標報告書［指標開発編］図表4-09「リテラシー内容」に基づく．

資料2
DCA資格制度の概要

資2-1　DCA資格の考え方

　DCAとは、デジタルコンテンツアセッサ（Digital Contents Assessor）の略で、文字通り、デジタルコンテンツ、すなわちネット上の情報の内容について、適切に利用したり評価したりするための知識・能力に関わる資格である。

　ICT分野には、国家資格・民間資格を問わず、様々な資格が存在する。その中で、ICTの技術的側面というよりは、むしろ社会的側面に着目するというのが、DCA資格制度の大きな特徴である。速度・確実性・表現能力といったインターネットの技術的信頼性のみならず、法令遵守や倫理性・信憑性といった社会的信頼性も同時に確保できた場合に、はじめて総合的なインターネットの信頼性が確立できる。これがDCA資格制度の根底にある考え方である。

　実際、DCA資格の取得を目指している学生たちの中には、ICTを専門的に学んでいる学生のみならず、文系の学生たちも多数見受けられる。

資料

資2-2 DCA資格制度でカバーする知識・能力

DCA資格制度では、次の三つの領域の知識・能力をカバーする。
(1) i コンプライアンス
　（肖像権、著作権、個人情報保護、知的財産権、ネチケットなど）
(2) インターネット＆デジタルコンテンツテクノロジー
　（情報セキュリティ、コンテンツテクノロジー、ソーシャルメディアテクノロジーなど）
(3) ネットワークリテラシー
　（情報社会に参画する態度、情報活用の実践力、情報の発信力など）

i コンプライアンス
- インターネット環境整備法と関連条例
- インターネット関係法令
- インターネットと企業法
- インターネットと肖像権
- インターネットと著作権
- インターネットと知的財産権
- 個人情報保護
- インターネットと法的課題
- 社会通念の遵守
- インターネットの規範意識
- 情報モラル　・ネチケット
- 有害情報対策
- コンテンツの健全性維持
- ネットの安心安全利用
- 情報倫理　・情報安全

インターネット＆デジタルコンテンツテクノロジー
- インターネットテクノロジー
- コンテンツテクノロジー
- ソーシャルメディアテクノロジー
- クラウドサービス　・モバイルインターネット
- CGM（コンシューマジェネレーテッドメディア）
- UGC（ユーザージェネレーテッドコンテンツ）
- 情報セキュリティ
- 情報の科学的理解

ネットワークリテラシー
- ソーシャルメディアコミュニケーション
- デジタルコンテンツクリエイション
- オンラインコミュニティ
- ネットワークコミュニケーション
- 情報社会に参画する態度
- 情報活用の実践力　・情報の発信力
- 情報の編集

図資1　DCAの三つの領域の知識・能力

資2-3 ネットリテラシーの重要性

　インターネットが登場したての時期、ネットの害悪として最初に問題視されたのは、青少年に害を与える性的な画像であった。これに対し、近年では、ギャンブル性の高いサイトやネット上の個人情報保護など、インターネットをめぐる課題は多様化している。性的な画像さえ見なければ、ネット上でトラブルに巻き込まれることはない、という時代ではなくなっているのが現状である。

　インターネットはテレビなどのマスメディアとは違い、双方向のメディアであるから、誰もが情報の発信者になり得る。したがって、企業・団体の側のみならず、個人の側も情報を適切に受け取り、発信していこうとする能力と自覚が求められる。ここ数年話題にされることも多い、ネット依存やリベンジポルノの問題、無自覚なアルバイト従業員が不適切な情報を流出させることで企業イメージに深刻なダメージを及ぼすレピュテーションリスク問題などは、まさに一般の個人ユーザーのネットリテラシーに関わる重大な問題である。もはや、企業・団体のウェブサイト担当者だけがこうしたネットリテラシーを習得すれば良い、ということではなくなっているといえる。

資2-4 資格の位置づけ

　DCAの認定証は、I-ROIが発行する。したがって、DCAは自動車運転免許や医師免許のような国家資格ではなく、民間資格である。

　ネット上の特定のデジタルコンテンツについて、国などの公共機関が「これは有害」「あれは有害ではない」といった判断を下していくことは、「表現の自由」との兼ね合いで、社会との間に摩擦を引き起こすことになりかねない。「何が適切」で「何が適切ではないのか」は、国などの公共機関が決めることではなく、

むしろ市民社会の中で徐々にコンセンサスを形成していくべき事柄といえる。
　実際、内閣府の青少年インターネット環境の整備等に関する検討会（2012）の報告書によれば、いかなる情報が青少年有害情報であるかは民間が判断すべきであって、その判断に行政機関は干渉すべきではなく、まずは、民間による自主的かつ主体的な取組を尊重すべきことを提言している。
　DCA資格制度は、こうした点を踏まえ、民間資格として運用されている。

資2-5 DCA資格のレベル

　DCA資格は、次のように、3級から1級まで3段階に分かれている。

表資2　DCA資格のレベル

級	知識・能力の程度	対象
1級	組織のマネージャとして安心安全なウェブサービスを運用し管理できる。 DCA教育の講師やインストラクターを担当できる。	業務経験を有する社会人
2級	ウェブサービスのマネージャとして安心安全な情報を発信する。 特定サーバー管理者業務に関する基礎能力。	社会人・大学生・大学院生
3級	ユーザーとしてインターネットを安心安全に利用できる。	社会人・大学生・専門学校生

資2-6 DCA資格は、どのようにして取得するか

　DCA資格の取得方法としては、2016年1月現在、大学等の教育機関による科目認定が主流である。今後はeラーニングのコースを通じて取得することも可能となる見通しである。詳細については、以下のURLにDCA資格に関する最新情報が掲載されている。

　　http://www.dca-qualification.jp/

参考文献
青少年インターネット環境の整備等に関する検討会 (2012)「青少年インターネット環境の整備等に関する検討会報告書」
(http://www8.cao.go.jp/youth/youth-harm/kentokai/pdf/teigen3.pdf)

資料3

用語解説

アルファベット、五十音順

IPアドレス

インターネットのようにTCP/IPプロトコル規格で通信が行われるネットワークに接続された機器を識別するため割り振られた番号。論理アドレスとも呼ばれる。インターネットに接続する機器には固有のグローバルIPアドレスが割り当てられる。これに対し利用者がネットワーク内の機器に識別番号を付けることも可能で、こちらはプライベートIPアドレスという。識別番号の付け方にはIPv4とIPv6の2種類があり、IPv4は例えば「192.168.0.1」(プライベートIPアドレスの場合) といったように、0から255までの数字4組で表現される。インターネットに発信された情報は接続に使用したグローバルIPアドレスが分かれば、利用者に関する情報を特定することも可能になる。

iコンプライアンス

コンプライアンスをインターネット社会の状況に適合させたもの。規則遵守に限らず、社会通念、倫理、道徳などの概念を含めて、総合的に判断すること。

OECD8原則

1980年にOECD (経済協力開発機構) が定めた「プライバシー保護と個人データの国際流通についてのガイドライン」を指す。日本の「個人情報の保護に関する法律」もこの原則をすべて取り込んで制定されている。

SafeNet

韓国の情報倫理委員会が提案、運営している機関のこと。韓国国内におけるレイティング基準を定めている。

Safer Internet 2009-2013

EUによる、違法・有害コンテンツの抑制を目的とした行動計画のこと。フィルタリングやコンテンツレイティングなど技術開発によって、ユーザー自らが有害コンテンツを拒否できる手段を与えることを各国に推奨している。

SafeSurf

アメリカの保護者団体が策定したレイティングシステムのこと。ペアレンタルコントロールを基本としたレイティングの標準を提供している。

アクセス制御

どんなユーザーが、どんなオブジェクトに対して、どんな処理をできるのかをコントロールすること。ここでオブジェクトとは、システムやファイルを指す。処理には、読み、書き、実行の3種類が含まれる。例えば、ユーザーAに対してはサイト上のXというファイルを読み込んだり書き込んだりすることを許可する一方、ユーザーBに対してはファイルYの読み込みのみを許可するというような形で、アクセスをコントロールすることを指す。

アクセス制限

インターネットにおいて特定のサイトやサービスへのアクセスを制限すること。制限の考え方としてホワイトリスト方式、ブラックリスト方式がある。また保護者による青少年のアクセスを制限するものとしてペアレンタルコントロールがある。

違法・有害情報

著作権侵害や名誉棄損などの法律に触れる情報や、青少年の健全な発達・育成を阻害する恐れのある情報の総称。書籍やテレビ番組、ウェブサイトなどコンテンツ全般を包含している。

インシデント（問題事由）

一般的には出来事、事件、事故などを指す語であるが、インターネットとの関連では、事故や事件の前段階として捉えられる軽微な出来事や異変も含めてインシデントと呼ぶ。「炎上」や「凸」（突撃）、「祭り」は、ネット上のインシデントの例である。

インターネット接続役務提供事業者

「青少年インターネット環境整備法」2条6項に定められた、インターネットへの接続を可能とする電気通信役務を提供する電気通信事業者のこと。いわゆるプロバイダを指す。

インタラクティブ性

相互に作用する、対話的な、双方向などの性質のこと。ソフトウェアやシステムが利用者の操作に対して即座に反応を返すような操作方式である場合などにインタラクティブ性があるという。

エゴサーチ

インターネット上で自分の本名やハンドルネーム、運営しているサイト名などで検索する行為。個人情報の漏えいや誹謗中傷を受けているかを発見するために定期的に行うことが望ましい。

炎上

ネット上でとある事象をきっかけに急激に（ほとんどの場合ネガティブな意味での）注目を集めてしまう現象や状況を指す。近年はTwitterなどのSNSにおける不適切な内容（文章、写真）の投稿などが契機となるケースが多い。注目を集めている側（SNSでの投稿者）からは「炎上」、注目している側（それ以外のユーザー）からは「祭り」という現象（○○炎上祭り）となる。

エンドツーエンド原理

「両端で」「端から端まで」という意味を持つ。インターネットにおいては、通信制御は両端のシステムが行い、

217

経路上のシステムは単純な中継・転送のみを行う考え方を指す。

オプトイン原則
個人情報の利用などに関して、対象者から明確に許諾を得ない限り、それを実施しないことを指す。

外部不経済
市場の外側で発生する不利益が個人、企業に悪影響を与えることを言う。代表例としては公害問題などがある。

書込み型
コンテンツの種類を参照のこと。

書込みの監視
ブログや掲示板などに書き込まれた内容を監視すること。特に自組織のサイトやサービスについては組織としての責任が発生するため、定期的に不適切な書き込みがないかを確認し、対処する必要がある。

隠された情報
交渉相手との間に情報の非対称性が存在する場合に、一方（買い手）は知らないがもう一方（売り手）は知っている情報のことを指す。

カスタマーサポート
組織のサービスに関する問い合わせに対応する業務もしくはその部署のことを指す。顧客の声を経営に反映するなど、顧客管理の観点から重要視されている。

ガバナンス
組織や社会のメンバーが主体的に関与し、意思決定、合意形成を行うこと、またはそのシステムのこと。

管理策
情報セキュリティの基本方針に対して、実際の運用に即した対応策を定めたもの。2000年に策定されたISO/IEC17799が国際標準規格として参照され、その対応策として定められるケースが多い。

逆選択
情報の非対称性を参照のこと。

共通番号制度
住民票を有する人に固有の番号を付して、社会保障、税などで効率的に情報を管理するための制度のこと。いわゆるマイナンバー制度を指す。

共同規制
政府が法律を作って規制する政府規制と、企業や個人が自主的に規制する自主規制の双方のバランスを取った規制のこと、またはその運用そのもののこと。

権利侵害情報
「特定電気通信役務提供者の損害賠償責任の制限及び発信者情報の開示に関する法律」において、他人の権利を侵害するような特定電気通信による情報の流通のこと。

権利制限条項
著作権法30条から50条までの著作者の権利が制限される条項のこと。

具体的には私的複製や引用、学校における利用などを指す。

公衆送信権
著作権法2条7の2項に定められた、公衆によって直接受信されることを目的として無線通信又は有線電気通信の送信を行う権利のこと。

個人情報
ある特定の生存する個人を識別できる情報、または他の情報と容易に照合することができて個人を特定できる情報のこと。氏名、性別、住所、電話番号、メールアドレスなどが該当する。

コミュニティ機能
ユーザー同士が相互にコミュニケーションを行うための機能のこと。

コンタクトリスク
ネット上で知り合った人と実際に会うなど、対人接触に伴うリスクのこと。

コンテンツアセスメント
コンテンツの内容を精査して、レイティングやリスク評価を行うこと。

コンテンツの種類
コンテンツの制作者や利用者の関与の度合いによる分類を指す。I-ROIでは、参加者の関与の度合いが低い順に表現型、書込み型、参加型に分類している。

コンテンツフィルター
ネットを通じて流通している情報を監視してあらかじめ設定された条件に合致したものを排除する技術のこと。

コンテンツリスク
コンテンツを提供することによって第三者に損害を与えてしまうリスクのこと。

コンテンツ・レイティング基準
コンテンツの表現を内容などによって区分する際の基準のこと。一例としては性表現、暴力表現、反社会的行為表現の有無など。

コントロール
制御、操作、管理、統制などの意味を持ち、対象を目的の状態にするために働きかけること。

サードパーティレイティング
情報発信者以外の第三者がコンテンツのレイティングを行うこと。

参加型
コンテンツの種類を参照のこと。

識別符号
「不正アクセス行為の禁止等に関する法律」2条2項に定められた、利用者を他の利用者と識別するために用いる符号のこと。一例としてはIDとパスワードのセット、生体認証で用いる部位のデータなど。

シグナリング
情報の非対称性を参照のこと。

自己情報コントロール権
プライバシーの一部である、他者が管理する自己の情報の訂正・削除請求、他者の違法な情報取得を排除する権利のこと。

自主規制
企業や個人、またはそれらの複合体が自発的に制限を行うこと、またはその制限そのもののこと。

実演
著作権法2条3項に定められた、著作物を演劇的に演じ、舞い、演奏し、歌い、口演し、朗詠し、またはその他の方法によって演ずることを指す。著作物を実演することによって、実演家としての著作隣接権が生じる。

シビルソサイアティ
政府、企業から独立して社会と政府の橋渡しを担う市民組織、またはその集合体を指す。民間非営利組織（NGO/NPO）、シンクタンク、財団などが該当する。

照合容易性
その情報だけでは特定個人が識別できないが、事業者が特別な手間や費用をかけずに一般的な方法で個人を識別する他の情報との照合が可能な状態。

肖像権
人の姿・形及びその画像などが持ちうる権利のこと。人格権と財産権の両方を含む。

情報の媒介者
インターネット上で著作物が流通する場合において、事業者自らではなくユーザーが情報を発信している状態では、事業者は情報の媒介者と呼ぶ。

情報の非対称性
市場における各主体が保有する情報に差があるときの情報構造のこと。一般的には効率性が確保されず、売り手と買い手の双方に不利益が生じる可能性がある。関連する用語としては、逆選択、モラルハザード、スクリーニング、シグナリングなど。

信頼性確認団体
プロバイダ責任制限法の著作権関係ガイドラインに基づいて、プロバイダ等が送信防止措置を迅速かつ適正に対応するために設けられたしくみであり、所定の認定手続きに基づいて認定された団体のこと。

青少年インターネット環境整備法
「青少年が安全に安心してインターネットを利用できる環境の整備等に関する法律」のこと。特定サーバー管理者の設置、青少年有害情報の閲覧防止措置の実施、青少年のリテラシー向上、フィルタリングの性能向上などによって青少年の権利擁護に資することを目的とする。

制度論モデル
組織・規則・機能・活動・公式関係に焦点を当てて政策決定を考えるモデルのこと。もう一つのモデルはプロセス論モデルであり、政策決定のプロセスに焦点を置いている。

政府規制
政府が法律などを制定して制限を行うこと、またはその制限そのもののこと。

資料3　用語解説

スクリーニング
情報の非対称性を参照のこと。

セルフレイティング
情報発信者自身がコンテンツのレイティングを行うこと。

ソーシャルメディア
個人による情報発信やコミュニケーションなどの人と人との結びつきを介した情報流通を行う社会的な要素を含むメディアのこと。

ゾーニング
対象の種類や属性（年齢、性別など）に応じて取り扱う場所などを区別すること。コンテンツの販売の場合では、成人向けの商品のフロアを分ける、入口に警告を設けるなどの措置が行われる。

第三者機関
企業・組織などが責任説明を果たし、透明性を確保するために設置する合議制の組織のこと。インターネット上のコンテンツを対象とした第三者機関がインターネットコンテンツ審査監視機構（I-ROI）である。

端末固有番号
携帯通信端末でウェブサイトを閲覧したときにサーバーに送信される識別子のこと。事業者によって名称や形式が異なる。

著作権
言語、音楽、絵画などの表現形式によって自らの思想・感情を表現した著作物を排他的に支配する財産的な権利のこと。大きく著作財産権と著作者人格権の2つに分けられる。

通信の秘密
電話やeメールなどによる通信に関する秘密は日本国憲法及び電気通信事業法によって保護されている。ただし、通信傍受法によって犯罪への対処などの目的で通信に介入するケースがある。

電凸
電話で関係者に問いただすこと。凸は突撃取材の略で、必ずしも法人の消費者対応の窓口ではない部署にも行われるケースがある。

特定サーバー
「青少年インターネット環境整備法」2条11項に定められた、インターネットを利用した公衆による情報の閲覧の用に供されるサーバーのこと。いわゆるウェブサーバー全般を指す。

特定サーバー管理者
「青少年インターネット環境整備法」2条11項によると、特定サーバー管理者とは、インターネットを利用した公衆による情報の閲覧の用に供されるサーバー（特定サーバー）を用いて、他人の求めに応じ情報をインターネットを利用して公衆による閲覧ができる状態に置き、これに閲覧をさせる役務を提供する者をいう。言い換えると、特定サーバーを管理する役割を担い、主にコンテンツの管理を行う者である。同法が特定サーバー管理者に対して主に求めていることは、自らが管理するサーバーにおいて青少年が有害情報に触れることがないよう、

青少年閲覧防止措置をとることである。特定サーバー管理者が行うべき業務の詳細については、12章を参照。

特定電気通信役務提供者

「特定電気通信役務提供者の損害賠償責任の制限及び発信者情報の開示に関する法律」2条3項に規定された、特定電気通信設備を用いて他人の通信を媒介し、その他特定電気通信設備を他人の通信の用に供するものをいう。いわゆるプロバイダだけでなく、掲示板などのサービス提供者も含まれる。

軟式アカウント

企業・団体などの公式アカウントでありながら、まるで非公式アカウントであるかのようにやわらかく、くだけた表現を用いるアカウントのこと。

ネットワーク中立性

ユーザー、コンテンツ、装置などによって差別あるいは区別することなく、プロバイダや政府がインターネット上のデータを平等に扱うべきだとする考え方のこと。

ネット検閲

ネット上の情報を対象とした政府機関による検閲のこと。ウェブサイトの情報を禁止・削除する、もしくはウェブサイトをブロッキングすることで行われる。(ブロッキングの項も参照)

パブリシティ権

人に備わっている顧客吸引力を中核とする経済的な価値を保護する権利のこと。人格権に根差した権利であり、プライバシー権、肖像権などと同列の権利である。

番号法

「行政手続きにおける特定の個人を識別するための番号の利用等に関する法律」のこと。いわゆるマイナンバーを規定した法律で、手続きの簡素化などにより国民の負担軽減・利便性向上を目的としている。

表現型

コンテンツの種類を参照のこと。

フィルタリング

青少年保護などを目的として、サービスやウェブサイトを一定の基準に基づいて選別し、青少年の利用する機器から閲覧できないようにするシステムやサービスのこと。一般的には一定の条件に基づいてデータを選別・排除する仕組みのこと。

不正アクセス

「不正アクセス行為の禁止等に関する法律」の2条4項に定められた、(1)他人のID・パスワードを用いる、(2)正規の手段を用いないでアクセスする、(3)アクセスする権利の乗っ取りなどの行為を指す。

プライバシー権

私生活上の事柄をみだりに公開されない法的な保障と権利のこと。また情報化社会の進展を背景として、他者が管理する自己の情報の訂正・削除請求、他者の違法な情報取得を排除する権利を意味するようになった(積極的プライバシー権という)。個人情報保護法は、この積極的プライバシー

権を保障するものとして施行された。

ブラックリスト

対象を選別して受け入れたり拒絶したりする仕組みの一つで、拒絶する対象を列挙したリストを作成し、そこに掲載されていないものを受け入れる方式のこと。(ホワイトリストの項も参照)

ブロッキング

ネット上において、何らかの条件に基づいて特定の利用者やコンピューター、ネットワークからの接続や通信を拒否すること、もしくは特定の機能などを封鎖して利用できないようにすること。

プロバイダ責任制限法

「特定電気通信役務提供者の損害賠償責任の制限及び発信者情報の開示に関する法律」のこと。この法律により、ウェブサイトなどに権利侵害情報が掲載された場合に、プロバイダが所定の手続きに基づいてその情報の公開を止めたり削除したりすれば発信者からの損害賠償責任を負わないとされる。

祭り

ネット上で注目を集めている現象そのもの、またはそこで現象にアクセスしようとする行為を指す。「炎上」とは表裏一体の関係であることが多く、「炎上」が発生しているさまを「祭り発生」と表現して拡散するケースが見受けられる。

ペアレンタルコントロール

子供に悪影響を及ぼす可能性のあるサービスやコンテンツに対して、親が視聴・利用制限をかけること、またそのための装置や機能のこと。

ホワイトリスト

対象を選別して受け入れたり拒絶したりする仕組みの一つで、受け入れる対象を列挙したリストを作成し、そこに掲載されているもののみを受け入れる方式のこと。(ブラックリストの項も参照)

メル凸

メールによって関係者へ問いただす行為のこと。凸は突撃取材の略で、通常、電凸と並行して行われる。(電凸の項も参照)

モニタリング

対象を連続的あるいは定期的に観察し、継続的に監視すること。ここでは組織がリスク回避のために行うものを指す。

モラルハザード

情報の非対称性を参照のこと。

ラベリング

対象となるコンテンツに内容を判断するための情報(ラベル)を付与すること。ここでは特にコンテンツが有害情報を含んでいるか否かを判断すること。

リスクマネジメント

リスクを組織的に管理し、損失などの回避または低減を図るプロセスのこ

と。各種の危機による不測の損害を最小の費用で効果的に処理するための経営管理手法の一つ。

リベンジポルノ
離婚した元配偶者や別れた元交際相手が、相手から拒否されたことの仕返しに、相手が公開するつもりのない性的な画像（動画も含む）を無断で公開する行為のこと。日本では2014年11月27日に「私事性的画像記録の提供等による被害の防止に関する法律」（いわゆるリベンジポルノ対策法）が施行された。同法の規制の対象はオンライン・オフラインの双方にまたがる。

レイティング
コンテンツの内容、特に残虐性や性的な要素の有無・多寡に応じて対象とする年齢を区分すること、またはその区分そのもののこと。映画ではPG12、R-15、R-18など複数の区分が映倫によってなされている。

レピュテーションリスク
企業に対する否定的な評価や評判が広まることによって、企業の信用やブランド価値が低下し、損失を被る危険度を指す。評判リスクや風評リスクなどともいう。

資料4 演習問題

本書に記載された内容の理解度を確認するため、演習問題を設けました。解答は最後に記してあります。

使用する用語
下記の用語については、次のものを意味するものとする。

閲覧防止措置	：青少年閲覧防止措置
管理者	：特定サーバー管理者
青少年インターネット環境整備法	：青少年が安全に安心してインターネットを利用できる環境の整備等に関する法律
不正アクセス禁止法	：不正アクセス行為の禁止等に関する法律
JIS	：JIS Q31000:2010 リスクマネジメント－原則及び指針

問1 iコンプライアンスの特徴の説明として、誤ったものはどれか。
ア　インターネットを活用するすべての企業・団体に求められる。
イ　既存の法律・法令の遵守のみならず、社会通念、倫理、道徳、文化などを尊重する。
ウ　インターネット社会は、現実社会と同等の責任を必要とされる仮想社会であるという認識。
エ　企業は、経済活動を行う上でインターネットを用いねばならない。

資料

問2 自主規制のメリットを表す文章として、最も適切なものを選びなさい。

ア 国民の表現活動や言論活動に、政府が直接に介入しなければならない状況を回避できる。
イ 文化の発展やインターネット産業における経済活動を抑制する効果がある。
ウ インターネットの有害情報に対しても政府による法規制を適用することができる。
エ 国境を超える有害情報に対して柔軟に対処するために、政府が介入することを可能にする。

問3 青少年インターネット環境整備法が定める管理者についての説明のうち、正しいものはどれか。

ア サーバーを用いてインターネットで情報を発信していても、営利を目的としない組織では管理者を置く必要はない。
イ 管理者は、たとえ閲覧防止措置を講じたとしても、自ら管理するサーバーで青少年有害情報を発信してはならない。
ウ 管理するサーバーで他者が青少年有害情報を発信している時、管理者は閲覧防止措置をとるよう努めねばならない。
エ 国民からの連絡の受付体制は、整備しても悪意による密告が寄せられることが想定されるため、整備の必要はない。

問4 第三者認証の特徴の説明として、誤ったものはどれか。

ア 活動を行う主体と利害が関係しない者により行われる。
イ 公正・中立な立場から行われる。
ウ 一定の合格基準を満たしている場合に認証が付与される。
エ 社会における経済活動や消費者保護に対してのみ行われる。

問5 インターネット上の違法情報に含まれないものはどれか。

ア 刑法で禁止されている情報
イ 第三者の権利を侵害する情報
ウ 民法上不法行為となる権利侵害情報
エ 青少年インターネット環境整備法に定義された青少年有害情報

問6 有害情報の特徴の説明として、正しいものはどれか。
ア　有害情報は違法情報の一つで、その閲覧が害になるのではないかと思われる情報である。
イ　有害情報は、アップロード行為自体が法律で禁止されている。
ウ　有害情報は違法とはいえないが、公序良俗に反するので、サーバー管理者等は、直ちに削除しなければならない。
エ　管理者が法的責任を回避するため、ユーザー契約に有害情報の投稿禁止と管理者による削除規定を設けた。

問7 電気通信事業法が定める、不特定の者によって受信されることを目的とした電気通信の送信である「特定電気通信」の対象として、正しいものはどれか。
ア　インターネット上の電子掲示板
イ　電子メール
ウ　メールマガジン
エ　電子メールに添付されたファイル

問8 権利侵害情報による被害者から訴えられた際、プロバイダが「プロバイダ責任制限法」によって民事責任を負うのは、どの場合か。
ア　削除等の送信防止措置をとることが技術的に不可能だった。
イ　常識的には権利侵害だが、権利侵害情報であることに気付かなかった。
ウ　他人の権利を不当に侵害していることを知ったので、削除等の送信防止措置をとった。
エ　常時監視のパトロールを怠って、権利侵害情報の存在に気付かなかった。

問9 著作権の侵害となる行為はどれか。
ア　映像配信用データを保存したサーバーをインターネットへ接続した。
イ　自宅のハードディスクレコーダーでテレビ番組を録画し、個人的に保管するためにDVDにコピーした。
ウ　卒業研究論文に著作者の許諾を得ずに他人の著作物を引用した。
エ　著名な建築家がデザインした建築物が背景に写り込んだ家族との写真をインターネットで公開した。

資料

問10 著作権者の許諾なく著作物が利用できるのは、どのような場合か。
ア　生存する学者が公刊した学術書の中から数行を引用した。
イ　生存する舞台作家の台本を使った芝居を実演した。
ウ　生存する音楽家の公演を録音し、自治会の運動会のBGMとして使用した。
エ　有線放送でかかった楽曲を録音し、CD化して販売した。

問11 個人情報保護法が規定している基礎的な概念に関する記述に含まれないものはどれか。
ア　個人情報
イ　個人データ
ウ　保有個人データ
エ　法人に関する情報

問12 不正アクセス禁止法の説明として、次のうち誤っているものはどれか。
ア　不正ログインとセキュリティーホール攻撃という二つの不正アクセス行為を規制している。
イ　インターネットに接続されていないコンピュータへの不正ログインにも適用される。
ウ　パスワードで保護されたサーバーに、不正入手したパスワードでログインすることは、不正アクセス行為となる。
エ　ウィルスの作成行為には適用されない。

問13 企業組織が目的達成において直面する「リスク」の説明として、JISの定義に照らして正しいものはどれか。
ア　リスクとは、近い将来に100％の確率で発生する不利益のことで、コストとよばれることもある。
イ　リスクとは、近い将来に何らかの確率で発生することが予期される「不確かさ」のことである。
ウ　リスクとは、過去に発生した不利益のことである。
エ　リスクをゼロにすることは、企業が果たすべき義務である。

問14 「表現型」と呼ばれるコンテンツを主体とするウェブサイトの説明として、最も適切なものはどれか。

ア　ユーザーが文章、画像、映像などのコンテンツを作成して、そのコンテンツを登録して発信するサイト。
イ　固定された表現内容を発信するサイト。
ウ　オンラインゲームでのチャットなど、ユーザーが主にコミュニケーションを目的としてアクセスするサイト。
エ　ある目的を持った人間が、特定の組織に対してサイバー攻撃を実行するサイト。

問15 表現型コンテンツの有害成分について、その有無を判断することを何と言うか。

ア　iコンプライアンス
イ　ホットライン
ウ　ラベリング
エ　リベンジポルノ

問16 インターネットコンテンツに対するレイティングの説明として、正しいものはどれか。

ア　有害成分の有無のみを判断すること。
イ　有害成分の強度を段階的に判断すること。
ウ　ウェブサイトを青少年の利用する機器から閲覧できないようにするサービスのこと。
エ　年齢や性別などに応じて、商品を取り扱う場所を区別すること。

問17 iコンプライアンスプログラムを導入するメリットに該当しないものはどれか。

ア　内部監査の不備を発見することにつながる。
イ　不用意に違法・有害情報を発信することが回避できる。
ウ　コンテンツ更新の際のコストを低減できる。
エ　コンテンツの現状を把握することができる。

問18 青少年インターネット環境整備法が定める、管理者による特定サーバーの管理策として、誤っているものはどれか。
- ア　青少年閲覧防止措置の実施
- イ　青少年有害情報についての受付体制の整備
- ウ　OSの更新
- エ　青少年閲覧防止措置を実施した場合の記録の作成・保存

問19 ソーシャルメディア上のインシデントへの対策の説明として、最も適切なものはどれか。
- ア　匿名ユーザーが拡散する「炎上」は、確実に発生していることを確認してから沈静化させる。
- イ　「メールで突撃取材」を意味する「メル凸」は、迷惑行為なので必ず反論する。
- ウ　ソーシャルメディアでは、「なりすまし」は発生しないので、特段の対策・対応は必要ない。
- エ　「祭り」の対策としては、兆しの段階で検知することが重要である。

問20 ソーシャルメディアポリシーの説明として、誤っているものはどれか。
- ア　企業組織として、従業員にどのようにソーシャルメディアを運用してほしいかという方針を記述した文書。
- イ　それぞれの企業組織の経営戦略や活動に依存するため、実際のソーシャルメディアの活用状況に合わせて策定する。
- ウ　ソーシャルリスクに的確に対応するには、実際に問題事由が発生してからソーシャルメディアポリシーを策定する。
- エ　ソーシャルメディアポリシーのひな形を、自社の状況に合わせて書き換えて利用する。

演習問題の解答

問1	エ	問11	エ
問2	ア	問12	イ
問3	ウ	問13	イ
問4	エ	問14	イ
問5	エ	問15	ウ
問6	エ	問16	イ
問7	ア	問17	ウ
問8	イ	問18	ウ
問9	ア	問19	エ
問10	ア	問20	ウ

索引

アルファベット

DCA 135, 205
EMA（モバイルコンテンツ審査監視機構）
.... 41, 60, 149
iCP................... 160, 185
iPhone.................... 151
IPアドレス.......... 82, 115, 170
I-ROI（インターネットコンテンツ審査監視機構）........ 41, 149, 154, 174, 205
iコンプライアンス............ 5, 144
iコンプライアンス・プログラム (iCP) 160
iモード 148
JIS 55, 117, 134
MACアドレス 115
NGワード 170
OECD8原則.................. 102
PDCA (Plan-Do-Check-Act) サイクル
.... 117, 189
Safe Net.................... 148
Safer Internet2009-2013 147
SafeSurf.................... 145
SNS（ソーシャルネットワークサービス）
.... 23, 147, 149, 156

あ

アクセス制御 121
アクセス制限 124, 145, 149
安心ネットづくり促進協議会
（安心協）................ 41, 150

い

位置情報.................... 116
違法情報............. 9, 66, 146
違法・有害情報.......... 60, 72, 155
インシデント 136, 159, 201
インターネット監視財団 (IWF).... 146
インターネットコンテンツ審査監視機構
(I-ROI: Internet-Rating Observation Institute)..... 41, 149, 154, 174, 205
インターネット接続役務提供事業者
.... 42, 157
インターネット選挙運動.... 76, 80, 203
インタラクティブ性
（インタラクティビティ）.......... 172
引用 93

う

写り込み 95

え

英国青少年インターネット安全協議会
(UKCCIS) 146
炎上 6, 137, 198, 201
エンターテインメントソフトウェア
レイティング委員会 (ESRB) 145
エンドツーエンド原理 15

お

オプトイン原則............... 111

か

開示請求................... 75, 82
外部不経済 13
書込み型............... 154, 187
書込みの監視................. 163
隠された情報.................. 53
ガバナンス......... 11, 21, 136
カラオケ法理 96
管理策................. 134, 137

き

企業の社会的責任 5, 165
企業倫理...................... 5
逆選択 52
行政手続における特定の個人を識別するための番号の利用等に関する法律.... 105
共通番号制度................. 105
共同規制 26, 38
許認可....................... 13

233

索引

け
権利侵害情報 66, 73
言論の自由 9, 22

こ
公共の福祉 13
公衆送信権 90
公職選挙法 68
公序良俗 68
コーポレートガバナンス 4
国際刑事警察機構（INTERPOL）.. 146
国際年齢レイティング連盟（IARC）.. 152
個人情報 48, 102, 106, 127
個人情報取扱事業者 107, 108, 187
個人情報保護委員会 106, 114
個人情報保護指令 104
個人情報保護法 102
個人データ 106
コミュニティ機能 156
コミュニティサイト 36, 149, 156
コンタクトリスク 70
コンテンツアセスメント 155
コンテンツフィルター 144
コンテンツリスク 70
コンテンツ・レイティング基準 58
コントロール 27, 144, 162, 170
コンプライアンス 4, 117, 188

さ
サードパーティレイティング 171
サイトマップ 160
差止請求 82, 91
参加型 154, 171

し
識別符号 121
シグナリング 53, 54
自己情報コントロール権 102
自己選択 60
自主規制 20, 144, 173
市場介入 13

市場の失敗 13, 53
実演 86
私的使用目的の複製 93
シビルソサイアティ 10
主務大臣制 113
照合容易性 107
肖像権 66, 98
情報の媒介者 67, 72, 95
情報の非対称性 12, 51

す
スクリーニング 53

せ
青少年インターネット環境整備法
 .... 28, 37, 148, 157, 184
青少年閲覧防止措置 .. 29, 45, 158, 193
青少年有害情報 29, 38, 69, 150,
                              157, 175, 186
制度論モデル 14
政府規制 13, 20
セルフレイティング ... 58, 148, 161, 171
全米映画協会（MPAA）......... 145

そ
送信可能化 90
ソーシャルネットワークサービス（SNS）
 .... 23, 147, 149, 156
ソーシャルメディア 5, 137, 196
ソーシャルメディアポリシー 205
ゾーニング 145, 172, 190
損害賠償請求 73, 91

た
第三者機関 48, 105, 149, 165
第三者提供の制限 107, 110
端末固有番号 115

ち
著作権 66, 86
著作権者 79, 86
著作権法 86

索引

著作者人格権 89
著作物 86
著作隣接権 86, 88

つ
通信の秘密 68, 115
通信履歴 116
通報機能 155, 163

て
訂正等 112
適正な取得 109
電気通信事業における個人情報保護に関するガイドライン 106
伝統的プライバシー権 104
電凸 202

と
特定サーバー 45, 158, 184
特定サーバー管理者 29, 39, 155, 170, 184
特定電気通信役務提供者 .. 72, 76, 186
ドメイン 160, 171
努力義務 114, 126, 158, 184

な
内部監査手順 185
軟式アカウント 198

に
認定個人情報保護団体 114

ね
ネット検閲 9
ネットスラング 173, 198
ネットワーク中立性 8, 20

は
廃棄ドメイン 159
バックヤード 149, 155
発信者情報開示 76
パブリシティ権 99

ひ
表現型 154, 171
表現の自由 9, 20, 67, 74, 94, 171
標準規格 134

ふ
フィルタリング 29, 38, 70, 145, 155, 170
不正アクセス 120
不正アクセス禁止法 120
不法行為 66, 91, 104, 128
プライバシー 35, 66, 80, 102, 156
プライバシー権 100, 102
プライバシーマーク 117
ブラックリスト 170
プラットフォーム 8, 147, 151, 199
ブロッキング 9, 68, 170
プロバイダ責任制限法 67, 72, 97, 164, 192
プロバイダ等の刑事責任 73, 83

へ
ペアレンタルコントロール 146
ペナルティ 164
ベルヌ条約 87

ほ
幇助 67, 84
放送 27, 77, 86, 203
法令遵守 12, 117, 184
ホットライン 162
ホットワード 140
保有個人データ 107, 112
ホワイトリスト 147, 171

ま
祭り 202

め
メル凸 202

235

索引

も
モニタリング.......... 134, 161, 197
モバイルコンテンツ審査監視機構
（EMA: Content Evaluation and Monitoring Association）
.... 41, 60, 149

ゆ
有害情報........ 9, 22, 68, 157, 170

よ
要配慮個人情報............... 107

ら
ラベリング................... 171

り
リスクマネジメント......... 134, 201
リベンジポルノ................. 23
リベンジポルノ規制法......... 76, 80
利用停止等の請求 113
利用目的..................... 108

れ
レイティング... 20, 144, 149, 155, 171
レコード..................... 87
レピュテーションリスク ... 127, 140, 199

著者紹介

白鳥 令 (しらとり れい)
インターネットコンテンツ審査監視機構代表理事、日本政治総合研究所理事長、マルタ共和国名誉総領事。獨協大学名誉教授、東海大学名誉教授。元世界シミュレーション＆ゲーミング学会会長。著書は『政治発展論』（東洋経済新報社）、『ゲームの社会的受容の研究』（編著、東海大学出版会）等30冊以上。

齋藤 長行 (さいとう ながゆき)
慶應義塾大学大学院メディアデザイン研究科後期博士課程修了。博士（メディアデザイン学）。経済協力開発機構（OECD）ポリシーアナリストを経て、株式会社KDDI研究所研究主査。お茶の水女子大学非常勤講師、慶應メディアデザイン研究所リサーチャー、総務省情報通信政策研究所特別主任研究員を兼務。

上沼 紫野 (うえぬま しの)
虎ノ門南法律事務所弁護士。東京大学法学部卒。モバイルコンテンツ審査・運用監視機構常任理事、情報セキュリティ大学院大学客員准教授、司法研修所刑事弁護教官（平成24～27年）等。主著に『ソーシャルメディア活用ビジネスの法務』（共著、民事法研究会）、『著作権法実戦問題』（共著、日本加除出版）がある。

曽我部 真裕 (そがべ まさひろ)
京都大学大学院法学研究科博士後期課程中途退学。修士（法学）。現在、京都大学大学院法学研究科教授（憲法）。BPO（放送倫理・番組向上機構）放送人権委員会委員。最近の主な著書に『情報法概説』（共著、弘文堂）がある。

市川 穣 (いちかわ ゆたか)
慶應義塾大学大学院修士課程（民事法学）卒。現在、慶應義塾大学法科大学院非常勤講師。経済産業省「電子商取引及び情報財取引に関する準則」策定WGメンバー。著書に「著作権法実践問題」（共著、第一法規）がある。

西澤 利治 （にしざわ としはる）
株式会社電脳商会代表取締役。女子美術大学非常勤講師。立教大学法学部卒。行政書士、システム監査技術者、公認内部監査人（CIA）、ITコーディネータ。所属はシステム監査学会、日本内部監査協会、デジタル教科書学会。

鎌田 真樹子 （かまた まきこ）
株式会社魔法のiらんど　安全安心インターネット向上推進室室長、違法有害情報相談センター実務アドバイザーを経て現在、デジタルハリウッド大学特任教授、モバイルコンテンツ審査監視機構理事。

空閑 正浩 （くが まさひろ）
鹿児島大学工学部機械工学科卒業。現在、三菱マテリアル株式会社にて生産技術部門に従事。公益財団法人日本生産性本部認定　経営コンサルタント。

長沼 将一 （ながぬま しょういち）
東京都立大学大学院工学研究科電気工学専攻博士課程単位取得退学。修士（工学）。現在、学校法人モード学園法人本部eプロジェクト室員、青山学院大学社会連携機構ヒューマン・イノベーション研究センター客員研究員。教育工学、教育へのICT活用の研究に従事。

久保谷 政義 （くぼや まさよし）
東海大学大学院政治学研究科博士課程後期修了。博士（政治学）。東海大学教養学部非常勤講師、インターネットコンテンツ審査監視機構事務局。著書に『ゲームの社会的受容の研究』（共著、東海大学出版会）等がある。

編集委員長
土谷 茂久 （つちや しげひさ）
インターネットコンテンツ審査監視機構理事、国際シミュレーション＆ゲーミング学会名誉会員・評議員、日本シミュレーション＆ゲーミング学会フェロー・元会長、元千葉工業大学教授。博士（学術）（東京大学先端学際工学）。著書に『柔らかい組織の経営』（同文館）等がある。

DCA 資格 2 級・3 級テキスト
デジタルコンテンツアセッサ入門

© 2016 Internet-Rating Observation Institute (I-ROI)　　　　　　Printed in Japan

2016年3月31日　初版第1刷発行

編　者　　一般社団法人インターネットコンテンツ審査監視機構
発行者　　小山　透
発行所　　株式会社近代科学社
　　　　　〒162-0843　東京都新宿区市谷田町2-7-15
　　　　　電話　03-3260-6161　振替　00160-5-7625
　　　　　http://www.kindaikagaku.co.jp

加藤文明社　　ISBN978-4-7649-0501-6
定価はカバーに表示してあります。